冷甜点制作大全

—— cold dessert recipes ——

〔日〕脇雅世◎著　周小燕◎译

中国民族摄影艺术出版社

序言

　　虽然现在想买什么，都很容易买到，但亲手做出的味道永远都是特别的。在炎热的夏天，品尝冰淇淋、果子露、果冻等冷甜点，不仅美味，也能享受短暂的闲暇时光。

　　在家里制作冰淇淋或者果冻，对家人，对来做客的朋友而言都是莫大的惊喜。知道使用了哪些食材，所以比较放心，可以根据大家的喜好调整甜度和味道，这就是手工制作甜点的魅力。

　　看到家人或者朋友开心地说着"真好吃"，自己也觉得非常幸福。看到大家的笑容，就想继续做甜点。对刚接触甜点的新人，或者认为手作甜点非常麻烦的人，一定尝试一下将冷甜点作为入门。只需搅拌、冷却、凝固，本书介绍了很多比想象中还要简单的甜点。

　　当然，冷甜点不仅适合在夏日炎炎中品尝，即使外面寒风瑟瑟，窝在温暖的屋子里也可以享用美味的冷甜点。将本书放在身边，一整年都可以乐享冷甜点的美味。

脇雅世

让大家喜笑颜开的清凉甜点。

无论酷暑，还是这一年，都能让人透心凉、心飞扬！

目 录

第 1 章

美式冰淇淋·意式冰淇淋

第 2 章

果子露·雪糕·冷冻酸奶

制作开始前

本书使用的主要工具

计量工具

量杯	量匙	厨房秤	温度计
提前准备好量杯，用来称量液体。耐热的玻璃量杯质地透明，可以看到里面，也能用于微波炉。	称量少量粉类或液体时使用。大匙是 15ml，小匙是 5ml。需将材料盛满称量。	制作糕点的材料需用厨房秤称重。电子秤以 g 为单位称重，带有自动去除容器重量功能的更方便。	食材加热到接近沸腾（如煮意式蛋白霜的糖浆等），没把握时可以用温度计测量温度。建议使用方便查看温度的电子温度计。

盛放工具

碗	锅	滤网	方盘
不锈钢制品导热性能好，可以快速传导热或者冷。耐热玻璃制品稳定性好，便于搅拌，也能用于微波炉。可以根据用途和习惯选择使用。	建议使用导热均匀、质地较厚的锅。单柄锅手拿比较方便。有大小不同的尺寸，根据材料的份量分别使用。	用来过滤材料，过筛粉类，过滤水果等。带有把手和钩子，叠加在碗内操作十分方便。也可以使用笊篱。	将冰淇淋或者水果放入冰箱冷冻凝固，或者隔水蒸烤布丁时使用。提前准备 2~3 种尺寸和深度各不相同的方盘。

盛装＆分解工具

冰淇淋勺	挖球器	勺子	叉子
挖取冰淇淋，盛在盘子或蛋卷里。摆放时大小不一，更赏心悦目。使用前将冰淇淋勺用温水浸湿，这样可以更干净地取出冰淇淋。	可以在西瓜、哈密瓜等水果中挖出小圆球。一个带有大小两个圆的挖球器，使用更方便。冷冻后可以做成甜点（参考 P42）。	又大又深的勺子可以代替冰淇淋勺使用。常用于制作椭圆形冰淇淋或者意式冰淇淋店风格的冰淇淋（参考 P30）。	用于分解冷冻的冰淇淋或者果子露，或者叉碎果冻装盘。使用质地较硬、不易弯曲的叉子。

搅拌工具

打蛋器

用于搅拌材料或者打发。有不同的尺寸，根据材料的份量分别使用。

木铲

煮酱汁搅拌时使用。因为容易沾染味道，所以建议准备一把糕点专用木铲。

橡皮刮刀

搅拌奶油状的食材，或者混合多种材料时使用。使用硅胶制品，既耐热又方便。

电动打蛋器

打发淡奶油或者蛋白时使用。电动打蛋器打发快速，很容易就打出蓬松的状态，使用非常方便。

模具

慕斯圈

没有底部，只有个圆圈的模具。裹上两层保鲜膜，用橡皮筋捆住后，也可倒入面糊。也可以用来整形饼干或者盛放料理。

果冻或芭芭露等模具

可以选用自己喜欢的模具，多备几个不同的样式，也能增添烘焙的乐趣。金属模具冷藏凝固的时间更短。

布丁模

也有用金属制品的，本书中主要使用的是陶碗。与金属制品相比，导热更快，不会出现空洞。

雪糕模

将材料倒入模具，放入冰箱冷冻凝固。图片中是插入木棍的经典雪糕模具。也可以使用制冰器或者硅胶模。

其他

食物料理机

用于将水果打碎，或者将冷冻水果切片。操作方法简单，用途也十分广泛。

滤茶器

用于过筛少量粉类，或者过筛糖粉撒在表面。购买滤茶器时，建议选择图片中这种口径较深的，这样粉类不会撒落。

保存容器

将冰淇淋冷冻凝固时，建议使用不锈钢制品或者珐琅制品，这样导冷性好，容易清洗。也可以用密封容器代替。

本书使用的主要材料

乳制品

牛奶

制作冰淇淋、果子露、布丁等的基础材料。建议使用100%无添加的纯牛奶。

淡奶油

分为动物性奶油和植物性奶油，但是建议使用味道更好的动物性奶油。乳脂含量越高，味道越浓郁。可以选用自己喜欢的奶油。

酸奶

用来制作冷冻酸奶、芝士蛋糕等味道清爽的甜点。制作糕点时选择无糖原味酸奶。

炼乳

牛奶中放入糖，煮制浓缩而成。也可以叫做加糖炼乳。味道浓郁。少量使用时，软管装更方便。

甜味剂

白砂糖

广泛用于糕点或者料理的普通砂糖。味道香甜，水分较多。易溶于水。本书中材料表内的砂糖，使用的就是白砂糖（糖粉也可以）。

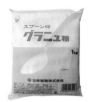

细砂糖

比白砂糖精度要高、味道清香。常用于制作糕点。难以溶解，所以放入较凉材料内时，要用力搅拌。

糖粉

将细砂糖磨成粉状。易溶解，所以便于和较凉材料混合，或者撒在表面装饰。选择没有放入防潮的玉米淀粉的糖粉。

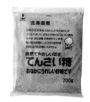

甜菜糖

以甜菜为原料，甘甜柔和。用于制作即食麦片（参考P26）。也可以用细砂糖或者白砂糖代替。

红糖

以甘蔗为原料，未经精炼的茶褐色砂糖。在法国叫做Cassonade，用来制作焦糖布蕾（P84）。

蜂蜜

味道香甜，口感醇厚。品牌不同，甜度和味道也有差异，要酌情调整用量。

水饴

不含乳脂成分的果子露或者乳脂含量较少的冰淇淋，口感容易粗涩，放入水饴能增加黏稠感。

鸡蛋

鸡蛋

本书中使用的是 M 号鸡蛋（58g~64g）。不清楚尺寸的时候，可以参考重量。以 g 为单位标注时，按照克数准备即可。

巧克力

板状巧克力
制作点心用的巧克力。和制作糕点用的巧克力相比，味道和香味略淡，使用更方便。

制作糕点用巧克力
味道醇厚浓郁，适合用来制作糕点。里面的调温巧克力，使用的是超出国际标准、品质优良的巧克力。

凝固剂

吉利丁
用于凝固果冻或者芭芭露。放入冰淇淋材料中搅拌，使冰淇淋很难融化、质地顺滑。本书中使用更方便操作的吉利丁粉。

琼脂
主要在凝固日式糕点中使用。有琼脂粉、琼脂丝等多种种类，本书使用方便操作的琼脂粉。

香料

香草豆荚
豆荚里面有黑色的香草籽，剖出香草籽和豆荚一起使用。将豆荚取出，材料中剩下点点香草籽。尽享香草的浓香。

香草油
香草油浓缩了香草的精华。与香草精相比，即使加热香味也不会挥发，可以放入布丁等烘烤糕点。

香草精
用酒精浓缩香草的精华。使用更加方便，但加热后香味会挥发。可以放入无需加热的糕点或者加热后再放入。

咖啡

咖啡
根据用途和时间选用传统咖啡或者速溶咖啡。要溶解速溶咖啡时，一定要用力搅拌溶解。

水果

新鲜水果
优点是新鲜多汁，有着自然的香甜。在无法买到新鲜水果的季节，或者价格较高时，可以选用冷冻水果或者水果罐头。

冷冻水果
与新鲜水果相比，味道稍微逊色，不分季节随时可以买到，价格实惠，保留一定水果的味道。

水果罐头
用糖浆煮过，或者加工成奶油状，根据用途选用。如果在超市买不到，可以去烘焙材料专门店或者网上购买。

果干
干燥后，甜度浓缩，更加美味。可以放入煮制的酱汁或者材料内，也可以用来装饰。图片中是杏和无花果。

本书的使用方法

● 本书使用的量杯是 200ml，大匙是 15ml，小匙是 5ml。

● 材料表中的鸡蛋是 M 号，砂糖是白砂糖（糖粉也可以）。根据材料表的标注选用材料。

● 在无需加热到沸腾的配方中，使用矿泉水能延长保存时间。

● 使用的冰淇淋机是需要提前将保冷内胆放入冰箱冷冻的类型。品牌不同，使用方法略有差异，要仔细阅读说明书，了解冷冻方法和工作时间后再操作。

● 完成的分量大致估计就可以。请按照模具或者容器的尺寸、个数酌情调整。

● 微波炉的加热时间是根据 600W 的微波炉制定的。500W 的时间是标注的 1.2 倍，700W 的时间是标注的 0.8 倍就可以了。

● 烤箱的温度、烘烤时间要酌情调整。烤箱品牌不同，温度和烘烤时间略有差异，要根据烘烤的状态调整。另外，不要忘记预热烤箱。

——— 第 1 章 ———

美式冰淇淋・意式冰淇淋

香草冰淇淋

放入蛋黄和淡奶油，风味浓郁。

手工制作的冰淇淋，味道更香甜。

香草冰淇淋的材料和做法

材料（4~5 人份）

蛋黄…3 个鸡蛋的量
细砂糖…75g
牛奶…200ml
淡奶油…100ml
香草豆荚…1/2 根

准备

· 香草豆荚用小刀纵向对半剖开，刮出香草籽（a）。
· 使用冰淇淋机时，提前将保冷内胆放入冰箱冷冻。
· 使用吉利丁时，将 1 大匙水和2.5g 吉利丁粉（小于 1 大匙）混合，静置浸泡约 5 分钟。

a

用小刀刮出香草籽。豆荚和香草籽一起放入牛奶使用。

步骤 1

制作英式奶油酱、放凉

英式奶油酱，是制作冰淇淋的基础。使用冰淇淋机和不使用冰淇淋机做法相同。要小火煮至黏稠。

步骤 2

将奶油酱搅拌到顺滑

使用冰淇淋机时

将奶油酱放入冰淇淋机，搅拌到顺滑。做法根据说明书操作即可。本书中使用的冰淇淋机，需要提前将保冷内胆放入冰箱冷冻。

不使用冰淇淋机时

方法 1 ➡ 用冷冻用保存袋凝固

将奶油酱放入冷冻专用保存袋中，冷冻凝固，用手从上往下将奶油酱捏碎。本步骤需要重复 2~3 次，无需借助工具也能轻松操作。

方法 2 ➡ 用吉利丁凝固

放入吉利丁，让奶油酱富含空气（更容易搅拌到顺滑）。味道没有变化，搅拌时一次全部放入，非常简单。

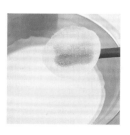

详细做法在下一页！

9

制作英式奶油酱、放凉

将材料混合，边搅拌边煮至黏稠。使用冰淇淋机和不使用冰淇淋机做法相同。

1 碗内放入蛋黄，用打蛋器打散，放入一半细砂糖，搅拌到颜色发白。

2 锅内倒入牛奶、淡奶油、剩余的细砂糖、香草豆荚和香草籽，煮到接近沸腾的 90℃（目的是将材料杀菌）。

3 将 *2* 分两次倒入 *1*，每次都用力搅拌，让细砂糖溶解。

—— 小贴士 ——

冰淇淋机是什么？

将材料（英式奶油酱）倒入冰淇淋机内，搅拌成顺滑的冰淇淋。这次，使用的是需要提前将保冷内胆冷冻的冰淇淋机。冰淇淋机有很多种类，购买时要仔细辨别。

4 将 *3* 倒回锅内，中火加热。边加热边用木铲用力搅拌。

5 煮到稍微黏稠后，用木铲取一些奶油酱，用手指划过，能留下痕迹后关火。如果煮至沸腾，蛋黄会凝固导致分离，所以加热到 80℃即可。

这次使用的冰淇淋机，保冷内胆要在使用前放入冰箱冷冻 10~18 个小时。保冷内胆的尺寸是直径 207mm* 高 150mm。最大容量 1L。[冰淇淋机 DL-0272]/贝印

6 将 *5* 用滤网过滤到碗内。取出香草豆荚。

7 碗底浸入凉水，边搅拌边晾凉。不时更换凉水。

将奶油酱搅拌到顺滑

＊══ ＊

分别介绍使用冰淇淋机和不使用冰淇淋机的做法。不使用冰淇淋机的情况下，还有两种方法。

使用冰淇淋机

8 将7盖上保鲜膜，放入冰箱冷藏2个小时以上，完全冷却。打开冰淇淋机电源开关，倒入冰淇淋机内。

9 边查看状态边搅拌约20分钟。整体搅拌到顺滑就做好了。

10 装进干净的容器内，放入冰箱彻底冷冻1~2个小时。

不使用冰淇淋机　方法1 ➡用冷冻用保存袋凝固

8 将7倒入冷冻用保存袋中。放在更容易快速凝固的金属方盘中，冷藏2个小时以上，完全冷却。

9 带上手套将袋子由上往下捏碎，这样手上的温度不会导致冰淇淋融化，冷藏约2个小时，继续揉捏冷却。揉捏冷却的步骤重复2~3次。

10 用勺子或者冰淇淋勺从袋子里取出，也可以撕开袋子一角，挤入容器中。

不使用冰淇淋机　方法2 ➡用吉利丁凝固

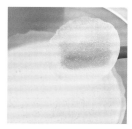  

6 5中的锅离火，奶油酱内放入吉利丁（参考P9准备步骤）融化。用滤网过滤到碗内。

7 碗底浸入凉水，边搅拌边晾凉。不时更换凉水。

8 倒入金属方盘内，盖上保鲜膜，放入冰箱冷藏2个小时以上，完全冷却。凝固后，用叉子将冰块叉碎，继续放入冰箱冷冻1~2个小时。

抹茶冰淇淋

和香草冰淇淋材料基本相同，
放入抹茶，味道浓郁微苦。
大人孩子都超喜欢！

材料（4~5 人份）
蛋黄…3 个鸡蛋的量
细砂糖…75g
牛奶…200ml
淡奶油…100ml
抹茶（a）…1 又 1/2 大匙

准备
·抹茶用网眼较细的滤网过筛到碗内。
·使用冰淇淋机时，将保冷内胆提前放入冰箱冷冻。

做法

1 碗内放入蛋黄，用打蛋器打散，放入一半细砂糖，搅拌到颜色发白。

2 锅内放入牛奶、淡奶油和剩余的细砂糖，煮到接近沸腾。

3 碗内放入抹茶粉，边用打蛋器搅拌，边一点点倒入 *2*。

4 将 *3* 分两次倒入 *1*，每次都用力搅拌。倒回锅内，中火加热。边加热边用木铲用力搅拌。

5 煮到稍微黏稠后，用木铲取一些奶油酱，用手指划过，能留下痕迹后关火，用滤网过滤到碗内。

6 *5* 的碗底浸入凉水，放凉。不时更换凉水。盖上保鲜膜，放入冰箱冷藏 2 个小时以上，完全冷却。

7 将 *6* 倒入冰淇淋机中，搅拌约 20 分钟。搅拌到顺滑后，倒入保存容器，放入冰箱冷冻 1~2 个小时，完全冷冻凝固。

* 不使用冰淇淋机时，参考 P11 操作。

用于制作糕点或者料理的抹茶，操作简单，价格实惠，非常美味。

边用打蛋器搅拌温热的材料，边一点点倒入抹茶中，这样不会形成疙瘩。

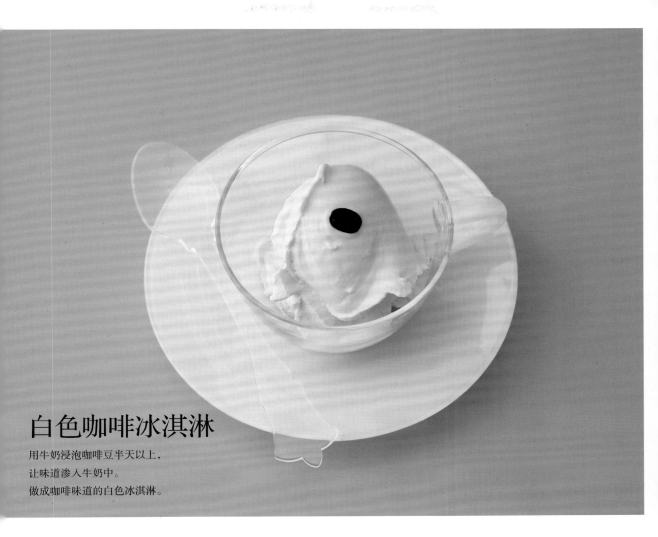

白色咖啡冰淇淋

用牛奶浸泡咖啡豆半天以上，
让味道渗入牛奶中。
做成咖啡味道的白色冰淇淋。

材料（4~5 人份）

蛋黄…2 个鸡蛋的量

细砂糖…75g

牛奶…200ml

淡奶油…100ml

咖啡豆（意式烘焙等深度烘焙而成）…30g

准备

· 将咖啡豆倒入笊篱，用水清洗。碗内放入咖啡豆和牛奶，放入冰箱冷藏约 12 个小时（a）。

· 使用冰淇淋机时，将保冷内胆提前放入冰箱冷冻。

做法

1 碗内放入蛋黄，用打蛋器打散，放入一半细砂糖，搅拌到颜色发白。

2 将准备好的咖啡味道的牛奶用滤网过滤，需要 200ml。不够时可以倒入牛奶。锅内倒入咖啡味道的牛奶、淡奶油和剩余的细砂糖，煮到接近沸腾。

3 将 2 分两次倒入 1，每次都用力搅拌，让砂糖溶解。倒回锅内，中火加热。边加热边用木铲用力搅拌。

4 煮到稍微黏稠后，用木铲取一些奶油酱，用手指划过，能留下痕迹后关火，用滤网过滤到碗内。

5 4 的碗底浸入凉水，边搅拌边晾凉。不时更换凉水。盖上保鲜膜，放入冰箱冷藏 2 个小时以上，完全冷却。

6 将 5 倒入冰淇淋机中，搅拌约 20 分钟。搅拌到顺滑后，倒入保存容器，放入冰箱冷冻 1~2 个小时，完全冷冻凝固。

* 不使用冰淇淋机时，参考 P11 操作。

a

咖啡豆用牛奶浸泡，咖啡的香味渗透到牛奶中。

意式冰淇淋

不放入蛋黄、味道清爽的意式冰淇淋。
这里介绍牛奶和巧克力两种口味。

牛奶

材料（4~5 人份）

牛奶…200ml
淡奶油…50ml
炼乳…50g
细砂糖…30g
香草精…少量

准备

·使用冰淇淋机时，将保冷内胆提前放入冰箱冷冻。

做法

1 锅内放入牛奶、淡奶油、炼乳和细砂糖，边加热边搅拌，煮到接近沸腾，砂糖完全溶解。

2 倒入碗内，滴入香草精。碗底浸入凉水，放凉。不时更换凉水。盖上保鲜膜，放入冰箱冷藏 2 个小时以上，完全冷却。

3 将 2 倒入冰淇淋机中，搅拌约 20 分钟。搅拌到整体顺滑后，倒入保存容器，放入冰箱冷冻 1~2 个小时，完全冷却凝固。

*不使用冰淇淋机时，参考P11操作。

巧克力

材料（4~5 人份）

牛奶…100ml
水…200ml
细砂糖…100g
可可粉（无糖）…25g（约 4 大匙）
巧克力（制作糕点用巧克力和板状巧克力都可以）…30g

准备

·使用冰淇淋机时，将保冷内胆提前放入冰箱冷冻。

做法

1 锅内放入牛奶、水和细砂糖，边加热边搅拌，煮到接近沸腾，砂糖完全溶解。

2 碗内放入可可粉，边用打蛋器搅拌，边一点点倒入 1（a）。

3 将 2 倒回锅内，边搅拌边加热 1~2 分钟，加热到沸腾（b）。关火，放入巧克力，用余热搅拌融化（c）。

4 将 3 放入碗内，碗底浸入凉水，放凉。不时更换凉水。盖上保鲜膜，放入冰箱冷藏 2 个小时以上，完全冷却。

5 将 4 倒入冰淇淋机中，搅拌约 20 分钟。搅拌到整体顺滑后，倒入保存容器，放入冰箱冷冻 1~2 个小时，完全冷却凝固。

*不使用冰淇淋机时，参考P11操作。

a

边用打蛋器搅拌温热的材料，边一点点倒入可可粉中，这样不会形成疙瘩。

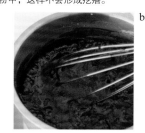

b

加热到完全沸腾，可可粉完全溶解为止。

c

纽扣状的巧克力使用更加方便。板状巧克力要切碎后再用。

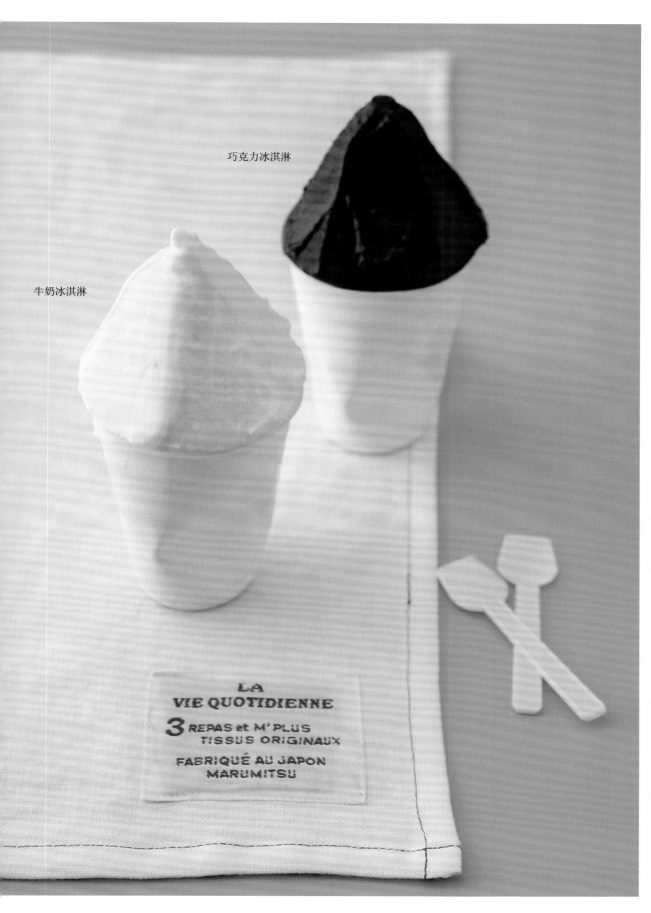

巧克力冰淇淋

牛奶冰淇淋

LA
VIE QUOTIDIENNE
3 REPAS et M' PLUS
TISSUS ORIGINAUX
FABRIQUÉ AU JAPON
MARUMITSU

豆浆黄豆粉黑蜜冰淇淋

用豆浆代替牛奶，带有日式风味。
放入水饴，让口感更顺滑。

材料（4~5 人份）

豆浆…200ml
淡奶油…100ml
细砂糖…50g
水饴…20g
黄豆粉…15g（3 大匙）
黑蜜（a）…2~3 大匙

准备

·使用冰淇淋机时，将保冷内胆提前放入冰箱冷冻。

做法

1 锅内放入淡奶油、细砂糖和水饴，边搅拌边加热，加热到接近沸腾，砂糖溶解。

2 离火，倒入豆浆搅拌均匀。倒入碗内，碗底浸入凉水，放凉。不时更换凉水。盖上保鲜膜，放入冰箱冷藏 2 个小时以上，完全冷却。

3 将 2 倒入冰淇淋机内，搅拌约 20 分钟。搅拌到整体顺滑即可。

4 碗内放入黄豆粉，边一点点放入黑蜜，边搅拌成泥状。

5 将 1/3 的 3 的豆浆冰淇淋和 1/2 的 4 的黄豆粉黑蜜叠加放入保存容器中（b）。无需搅拌，直接叠加形成层次，重复这个步骤，放入冰箱冷冻 1~2 个小时。

6 用冰淇淋勺取出大理石花纹的冰淇淋，装盘。

*不使用冰淇淋机时，参考 P11 操作。

以黑糖为原料，味道质朴，糖浆类型的甜味剂。

将豆浆冰淇淋和黑豆粉黑蜜相互叠加。无需搅拌，随意形成层次即可。

冷冻水果冰淇淋

冷冻水果内倒入淡奶油，只需用食物料理机
搅拌即可做成冰淇淋，操作简单。

草莓

材料（4~5 人份）

草莓…净重 200g

砂糖…1 大匙

炼乳…60g（3 大匙）

淡奶油…30~50ml

做法

1 草莓去蒂，用水清洗，拭去水分。
体积较大的话可以切成 2~3 等
分，摆在方盘内，盖上保鲜膜，
冷冻一晚。

2 食物料理机内放入冷冻草莓，
搅拌约 1 分钟，搅成碎片状。
放入砂糖和炼乳，继续搅拌均
匀（a）。

3 将淡奶油从食物料理机的小孔
内一点点倒入，搅拌到顺滑（b）。

4 倒入保存容器，放入冰箱中冷
冻 1~2 个小时。

香蕉

材料（4~5 人份）

香蕉…净重 200g

砂糖…30g（3 大匙略多）

香草精…少量

淡奶油…30~50ml

做法

1 香蕉剥皮，盖上保鲜膜，冷冻
一晚。

2 食物料理机内放入冷冻香蕉，
搅拌约 1 分钟，搅成碎片状。
放入砂糖和香草精，继续搅拌
均匀。

3 将淡奶油从食物料理机的小孔
内一点点倒入，搅拌到顺滑。

4 倒入保存容器，放入冰箱中冷
冻 1~2 个小时。

a

搅成薄片的草莓内放入砂糖
和炼乳。

b

如果食物料理机的盖子上没有
小孔，就打开盖子倒入淡奶油
再搅拌。

草莓冰淇淋　　　　　　　　　　　香蕉冰淇淋

橙子冰淇淋霜

这是一种用水果果皮盛装冰淇淋的冷冻甜点。
用味道清爽的橙子冰淇淋做成。

材料（2 个橙子容器的份量）
橙子…3 个
柠檬汁…2 小匙
砂糖…50g
淡奶油…50ml

准备
· 使用冰淇淋机时，将保冷内胆提前放入冰箱冷冻。

做法

1 在两个橙子从上往下 1/4 处切开，取出果肉，挤出果汁（a）。剩余的 1 个橙子对半切开，挤出果汁。准备好 250ml 果汁。

2 将中间挖空的橙子作为容器，和切下的果皮一起放入冰箱冷冻 2 个小时以上。将果皮放在金属方盘内，能更快速冷却。

3 碗内放入 *1* 的橙汁、柠檬汁和砂糖，搅拌均匀，盖上保鲜膜，放入冰箱冷藏凝固 2 个小时以上。

4 将淡奶油倒入 *3* 中搅拌均匀，放入冰淇淋机中，搅拌约 20 分钟。整体搅拌顺滑后就做好了。

5 裱花袋装上星型花嘴，装入 *4*，挤入 *2* 中（b）。上部盖上盖子，放入冰箱冷冻 1~2 小时。

* 不使用冰淇淋机时，参考 P11 操作。

a

手指插入果肉和果皮之间，将果肉取出。果皮要做成容器，所以要将果肉取干净。

b

将奶油酱挤入容器中，让容器和盖子之间也能看到奶油酱。

南瓜
冰淇淋蛋糕

使用淡奶油和蛋白霜
制成质地松软的意式甜点。
无需使用冰淇淋机。

材料（直径 12cm* 高 3.5cm 慕斯模 1 个 约 400ml）

南瓜…净重 100g

细砂糖…50g

水…3 大匙

蛋白…50g（约 2 个）

A

　　蛋黄…2 个

　　细砂糖…30g

　　朗姆酒…2 小匙

淡奶油…100ml

准备

· 南瓜去种去皮，准备净重 100g。

· 慕斯模底部裹上两层保鲜膜，用橡皮筋捆住，作为底座（参考 P100 图片 a）。

做法

1 南瓜切成适当大小，放入碗内，盖上保鲜膜，用微波炉加热 1 分 30 秒。静置 1 分钟，上下翻转继续加热 1 分钟。用叉子叉碎成泥状，放凉（a）。

2 锅内放入细砂糖和水，加热到 121℃（参考 P117）。

3 碗内放入蛋白，略微打发，边一点点倒入温热的 *2*，边用电动打蛋器搅拌（b）。打发到变凉，做成坚硬的意式蛋白霜（参考 P117）。

4 另取一碗，放入 A，边隔水加热，边用打蛋器打发到体积膨胀。放入 *1* 搅拌均匀。继续将 *3* 分两次放入，搅拌均匀。

5 将淡奶油打发到 8 分发（参考 P116），将 *4* 分两次放入搅拌。倒入慕斯模中，倒满。整平表面，放入冰箱冷冻约 2 个小时。

6 撕下保鲜膜，脱模（参考 P72）。分切装盘，装饰上打发淡奶油。

南瓜用微波炉加热变软。用力叉碎，搅拌到顺滑。

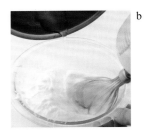

将热糖浆倒入蛋白中打发，做成质地坚硬、有小角立起的意式蛋白霜。

创意冰淇淋

＊══════════════════════════════════＊

冰淇淋和水果、糖浆组合，做成华丽的甜点！

香蕉巴菲

冰淇淋、香蕉、巧克力糖浆
随意摆放，满满一大盘都是自己的最爱！

材料（1 人份）

香蕉…1 根
香草冰淇淋（参考 P8）…两个球
巧克力冰淇淋（参考 P14）…1 个球
巧克力糖浆（参考 P110）…适量
彩色糖珠…适量
A（方便制作的量）
　淡奶油…100ml
　砂糖…10g
　香草精…少量

做法

1 碗内放入 A，打发到 8 分发（参考 P116）。裱花袋装上星型花嘴，装入打发淡奶油。

2 香蕉剥皮，斜着切成 1cm 厚片。

3 将 1 的淡奶油挤在盘子上，摆上冰淇淋和香蕉。上面淋上巧克力糖浆，撒上彩色糖珠。

草莓巴菲

只需将简单的素材组合而成。
非常可爱，很有幸福感。

材料（1人份）

草莓…5~6个
草莓冰淇淋（参考P18）…两个球
香草冰淇淋（参考P8）…1个球
草莓糖浆（参考P104）…2~3大匙
A（方便制作的量）

淡奶油…100ml
砂糖…10g
香草精…少许

做法

1 碗内放入A，打发到8分发（参考P116），裱花袋装上星型花嘴，装入打发奶油。草莓去蒂，取1个装饰用。取3~4个纵向对半切，剩余的切成8等分。

2 容器内依次叠加放入草莓糖浆、草莓冰淇淋、淡奶油、8等分的草莓、香草冰淇淋和草莓冰淇淋。挤入淡奶油，装饰上剩余的草莓。

蜜桃梅尔芭

因颇受歌剧歌手内利·梅尔芭（Nellie Melba）青睐而闻名。

特点是糖浆煮过的黄桃和红莓酱汁。

材料（1人份）

白桃（罐头）…1个（对半切）

香草冰淇淋（参考 P8）…1个球

A

| 红莓（冷冻也可）…20g

| 砂糖…10g（1 大匙略多）

| 水…1 大匙

做法

1 小锅内放入 A，中火加热，将红莓煮烂。略微放凉。

2 将白桃的糖浆拭去，对半切开。

3 容器内放入香草冰淇淋，摆上切开的白桃，再淋上热红莓酱汁。

洋梨圣代

糖渍洋梨、香草冰淇淋、
巧克力糖浆组合做成甜点。
洋梨使用罐头更加方便。

材料（2人份）

洋梨（罐头）…2个（对半切）
香草冰淇淋（参考P8）…两个球
巧克力糖浆（参考P110）…适量
杏仁片…2小匙

做法

1 杏仁片用平底锅或者烤箱略微烘
烤，放凉备用。

2 洋梨拭去糖浆，对半切开。

3 容器内放入1个香草冰淇淋球和
两片洋梨，淋上巧克力糖浆，撒
上杏仁片。制作两个。

各种装饰

适合冰淇淋的简单装饰。随意选择喜欢的装饰！

选择自己喜欢的味道·颜色·口感！

巧克力、果仁、种子、玉米片、水果干等等，用自己喜欢的东西来装饰，会有别样的味道和口感，外观也更赏心悦目。超受欢迎的即食麦片也非常适合用来装饰。只需搅拌烘烤，就做好了，建议您亲手试试。

尝试制作即食麦片！

材料（方便制作的量）

A

红糖（甜菜糖、三温糖等）…30g

枫糖浆…3~4 大匙

色拉油…2 大匙

盐…少许

香草油…少许

B

麦片…100g

面粉…2 大匙

核桃…15g

南瓜仁…10g

C

椰丝…10g

瓜子仁…10g

杏仁片…15g

D

葡萄干…40g

蔓越莓…10g

准备

· 烤箱提前预热到150℃。

做法

1 碗内放入 A，搅拌均匀，放入 B，继续搅拌（a）。

2 烤盘铺上烘焙用油纸，铺上 1。

3 烤箱 150℃烘烤 15 分钟，中间轻轻搅拌 1~2 次。粗略搅拌，还残留少量大的疙瘩。

4 放入 C，轻轻搅拌，继续烘烤 10~15 分钟（b）。

5 烘烤完毕后放凉，放入 D。也可以放入自己喜欢的水果干。

6 放入密封容器保存，以免受潮（c）。

将材料搅拌均匀。也可以更换成相似的材料。

果仁和种子烘烤过度容易烤焦，要中途放入。也可以放入自己喜欢的果仁。

即食麦片做好了。倒入酸奶或者牛奶食用，更加美味。

巧克力针

彩色糖球

腰果

玉米片

水果干混合

南瓜仁

即食麦片（手工制作）

糖片（*1）

巧克力米花

杏仁片

巧克力豆

米花（*2）

*1 将砂糖凝固制成。 *2 大米、玉米、小麦等加工而成。

冰淇淋夹心

糯米饼、饼干、马卡龙……选择喜欢的糕点夹入喜欢的夹心。

抹茶糯米饼冰淇淋

将市售的糯米饼，
夹上抹茶冰淇淋，十足的日式味道。
在家也能做出这道超受欢迎的甜点。

材料（1 个）
糯米饼…2 块 1 组
抹茶冰淇淋（参考 P12）…适量

做法
用两块糯米饼夹上抹茶冰淇淋，用保鲜
膜包好，放入冰箱冷冻 1~2 个小时。

棉花糖饼干夹心

将棉花糖和巧克力略微融化，
和香草冰淇淋一起作为夹心，
很受孩子欢迎。

材料（1 个）
饼干…2 块
棉花糖…1 个
板状巧克力…1 块
香草冰淇淋（参考 P8）…1 个球

做法

1 块饼干上放上巧克力和棉花糖，
不盖保鲜膜，微波炉加热 30~40
秒，加热到棉花糖膨胀。

2 放凉后，在棉花糖凝固前，放上
香草冰淇淋，再夹上另一块饼干，
用保鲜膜包好，放入冰箱冷冻 1~2
个小时。

马卡龙冰淇淋

冰淇淋作为马卡龙的夹心，
非常有新意。
可选择自己喜欢的搭配。

材料（方便制作的量）

马卡龙…选择自己喜欢的，适量
（市售马卡龙）
冰淇淋…选择自己喜欢的，适量

做法

两块马卡龙饼之间夹上喜欢的冰淇淋，
用保鲜膜包好，放入冰箱冷冻 1~2 个小
时。使用马卡龙时，用温热的刀将里面
的夹馅切下，中间夹上冰淇淋。

巧克力布里欧修
夹心

味道浓郁的布里欧修，
夹上巧克力冰淇淋。
成品非常类似蛋糕。

材料（方便制作的量）

布里欧修（也可以用普通面包）…1cm
薄片 3 片
巧克力冰淇淋（参考 P14）…两个球

做法

1 1 片布里欧修上放上巧克力冰淇
淋，抹平，再夹上另一片布里欧修。
重复此项步骤，用保鲜膜包好，
放入冰箱冷冻 1~2 个小时。

2 切成方便食用的大小。

冰淇淋的最佳盛装方法是什么?

享受手工制作的乐趣,组合成自己喜欢的形状。

使用冰淇淋勺,大家都可以盛出漂亮的冰淇淋。

这里介绍椭圆形冰淇淋和意式冰淇淋店风格的盛装要点。

椭圆形冰淇淋

↓

椭圆形(类似橄榄球的形状。多在鱼类或者肉类料理中出现)冰淇淋,使用大勺子侧面舀起,就成为椭圆形了。尖端较细、中间椭圆的勺子更容易做出椭圆形状。用手掌稍微温热后,装盘。

意式冰淇淋店风格冰淇淋

↓

意式冰淇淋店中常用这种盛装方法,用勺子装入蛋卷或者杯子中,由上到下涂抹成山的形状。最后使用小刮刀,由上到下整形,让表面变得平整。

--- 小贴士 ---

盛装前的准备工作

舀取冰淇淋前,将工具放入常温的水中浸湿,拭去水分。每次舀取后,都要放入水中冲洗。另外,冰淇淋太过坚硬,很难舀取时,室温静置一会儿就好了。

—— 第 2 章 ——

果子露·雪糕·冷冻酸奶

蜂蜜柠檬果子露

不含乳脂，为了让果子露口感更顺滑，
需要加入水饴。

材料（4~5 人份）

蜂蜜…50g
矿泉水…200ml
水饴…50g
柠檬皮屑（*）…1 个柠檬的量
柠檬汁…2 个柠檬的量（60ml）
* 使用柠檬果皮时，要选用没有打蜡、不
含防腐剂的柠檬。使用果汁时，将皮削掉，
挤出果汁。

准备

· 使用冰淇淋机时，提前将保冷内胆放
入冰箱冷冻。

做法

1 碗内放入一半矿泉水、蜂蜜和水饴，
盖上保鲜膜，放入微波炉加热 1 分
30 秒。至蜂蜜、水饴完全融化（a），
放凉。

2 剩余的矿泉水、柠檬皮屑和柠檬汁
混合均匀（b）。放入冰箱冷藏 2
个小时以上，完全冷却。

3 打开冰淇淋机，倒入 *2*，搅拌约 20
分钟。搅拌到整体顺滑后，倒入保
存容器，放入冰箱冷冻 1~2 个小时。

* 不使用冰淇淋机时，参考 P11 操作。

a

用微波炉加热，让蜂蜜和水饴完全融化，
搅拌均匀。

b

只取柠檬表皮制作柠檬皮屑。白色部分
有苦味。

\知识点！/

果子露、沙冰、冰粒的区别是什么？

生活中常见的果子露，在英语中就是将糖
浆放入果汁，冷冻制成甜点的意思。在法
语中就是沙冰的意思了。冰粒同样是法语，
是冰雹的形状，主要搭配法餐调整味道。
口感清爽，比作为甜点使用的果子露和沙
冰甜度低。

葡萄柚冰粒

冰粒口感清脆冰凉。
放入葡萄柚果肉，更添新鲜口感。

材料（4~5 人份）

白葡萄柚…2 个
粉葡萄柚…1 个
砂糖…2~3 大匙

做法

1　将白葡萄柚横向对半切，使用榨汁器挤出果汁，准备 200ml。粉葡萄柚去除表皮和薄皮，取出果肉。

2　在 1 的白葡萄柚果汁内放入砂糖，搅拌融化。

3　将 1 的粉葡萄柚的果肉摆在金属方盘内，倒入 2 的果汁（a）。盖上保鲜膜，放入冰箱冷冻约 4 个小时，彻底冷冻凝固。

4　使用叉子叉成碎块（b），再放入冰箱冷冻 1~2 个小时。

使用白色粉色两种葡萄柚，让外观更赏心悦目。

用叉子叉碎。做成细腻的颗粒形状。

番茄冰粒

使用番茄和蜂蜜，非常健康。
在没有食欲的夏天，一定要尝试这款清爽
的甜点。

材料（4~5 人份）
番茄…1~2 个（净重 200g）
蜂蜜…2~3 大匙
柠檬汁…1 大匙

做法

1 番茄去蒂，隔水加热去皮。横向对半
切，取出籽，准备净重 200g。用滤网
过滤（a），放入食物料理机内搅拌
到顺滑。

2 1 内放入蜂蜜和柠檬汁，搅拌融化。
倒入金属方盘内，盖上保鲜膜，放入
冰箱冷冻约 4 个小时，彻底冷冻凝固。

3 使用叉子叉成碎块（参考 P34 图片 b），
再放入冰箱冷冻 1~2 个小时。

a

将番茄用滤网过滤，用勺子按压，使其顺滑。

冷冻水果果子露

用冷冻后的水果制作。

这款果子露和 P18 冰淇淋的做法相同。

牛油果

材料（4~5 人份）

牛油果…2 个（净重 200g）

柠檬汁…2 小匙

砂糖…30g~50g

矿泉水…30ml~50ml

做法

1　牛油果去皮去种，切成 1.5cm 的小块，淋上柠檬汁。摆在金属方盘内，盖上保鲜膜，冷冻一晚。

2　将冷冻的牛油果放入食物料理机，搅拌约 1 分钟，搅成奶油酱状。放入砂糖，再继续搅拌（a）。

3　通过食物料理机的小孔一点点倒入矿泉水，搅拌成果子露状（b）。

4　倒入保存容器，放入冰箱冷冻 1~2 个小时。

芒果

材料（4~5 人份）

芒果（冷冻也可）…2 个（净重 200g）

砂糖…30g~50g

柠檬汁…1 小匙

矿泉水 30ml~50ml

做法

1　芒果去皮去种，切成 1.5cm 的小块，摆在金属方盘内，盖上保鲜膜，冷冻一晚。

2　将冷冻的芒果放入食物料理机，搅拌约 1 分钟，搅成奶油酱状。放入砂糖，再继续搅拌。淋上柠檬汁，搅拌均匀。

3　通过食物料理机的小孔一点点倒入矿泉水，搅拌成果子露形状。

4　倒入保存容器，放入冰箱冷冻 1~2 个小时。

a

搅拌成奶油酱状的牛油果内放入砂糖。最好是容易融化的白砂糖。

b

食物料理机盖子上没有小孔时，打开盖子倒入矿泉水，再搅拌一会儿。

芒果果子露

牛油果果子露

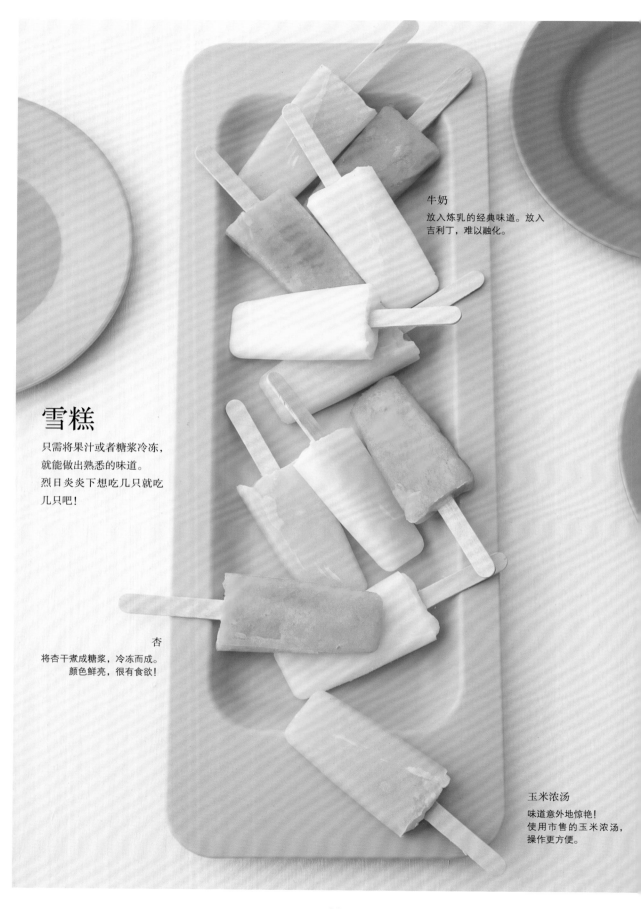

牛奶
放入炼乳的经典味道。放入
吉利丁，难以融化。

雪糕

只需将果汁或者糖浆冷冻，
就能做出熟悉的味道。
烈日炎炎下想吃几只就吃
几只吧！

杏
将杏干煮成糖浆，冷冻而成。
颜色鲜亮，很有食欲！

玉米浓汤
味道意外地惊艳！
使用市售的玉米浓汤，
操作更方便。

阿萨伊浆果果汁
使用阿萨伊浆果果汁制成。
冷冻后，很难尝出甜味，所以要放
入砂糖。

放入果粒的苹果汁
在苹果汁内放入自己喜欢的水果。
有木棍更方便食用！

牛奶

材料（8 根）

炼乳…60g

矿泉水…200ml

A

| 吉利丁粉…2.5g（1 小匙略少）

| 水…1 大匙

做法

1 碗内倒入 A 的水，撒入吉利丁粉，静置浸泡约 5 分钟。不盖保鲜膜，用微波炉加热约 20 秒，使吉利丁融化。

2 另取一碗，放入矿泉水和炼乳，搅拌均匀，将约 1/3 放入 1 的碗内搅拌，和吉利丁混合均匀（a）。

3 倒回 2 的碗内，搅拌均匀（b）。倒入雪糕模具中，插入方便拿取的木棍，放入冰箱冷冻 3~4 个小时。

杏

材料（12 根）

杏干（a）…80g

水…300ml

砂糖…80g

A

| 吉利丁粉…2.5g（1 小匙略少）

| 水…1 大匙

做法

1 碗内倒入 A 的水，撒入吉利丁粉，静置浸泡约 5 分钟。

2 将杏干放入锅中，倒入水。小火加热到沸腾后，盖上锅盖，煮约 15 分钟，让杏干变软。

3 放入砂糖，熔化后离火，放入 1 的吉利丁，搅拌熔化。倒入搅拌机，搅拌到顺滑。

4 放凉，倒入雪糕模具中，插入方便拿取的木棍，放入冰箱冷冻 3~4 个小时。

玉米浓汤

材料（8 根）

玉米浓汤（市售·a）…2 袋（约 35g）

热水…180ml

砂糖…2 大匙

A

| 吉利丁粉…2.5g（1 小匙略少）

| 水…1 大匙

做法

1 碗内倒入 A 的水，撒入吉利丁粉，静置浸泡约 5 分钟。

2 另取一碗，放入玉米浓汤，倒入热水，搅拌均匀。放入砂糖和 1 的吉利丁，搅拌熔化。

3 放凉，倒入雪糕模具中，插入方便拿取的木棍，放入冰箱冷冻 3~4 个小时。

a

冷冻后很难尝出甜味，所以要酌情放入砂糖。

a

在完全融化的吉利丁液中倒入少量牛奶，和吉利丁均匀混合。

a

杏干是生活中常用的果干。选择颜色鲜艳的，这样成品更好看。

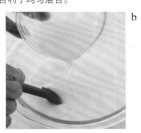
b

将和吉利丁液混合的牛奶液，倒回原先的碗内。这样不会出现疙瘩。

阿萨伊浆果果汁

材料和做法

边在阿萨伊浆果果汁（a）中放入砂糖，边尝味道，倒入制冰模中，放入冰箱冷冻3~4个小时。选择自己喜欢的果汁。冷冻后颜色会变淡，所以要选择颜色浓重的果汁，这样外观会更好看。另外，冷冻后很难尝到甜味，所以酌情放入适量砂糖。尝一下，觉得酸甜适当就可以了。

紫色鲜艳漂亮。也可以选择阿萨伊浆果以外的果汁。

———— 小贴士 ————

如何使用模具？

只需倒入模具凝固，雪糕就做好了，所以选择喜欢的模具。不过，复杂的模具脱模比较困难，建议选择简单的模具。下面介绍一下本书中使用的模具。

———— 小贴士 ————

最佳脱模方法是什么？

下面介绍一下脱模的诀窍，这样取出木棍时就不会失败。首先，碗内倒入浸湿用的热水，将模具浸入热水中。

传统的雪糕模具。倒入模具中，盖上盖子，插上木棍。

↓

热水让模具周边软化，再用小刀插入模具和木棍之间。最后提起木棍，慢慢拉出。

阿萨伊浆果使用的制冰模。不仅有格子形状，还有球形、细长的椭圆形等多种形状。

放入果粒的苹果汁

材料和做法

边在苹果汁中放入砂糖，边尝味道，倒入模具中。放入喜欢的水果，插入方便拿取的木棍，放入冰箱冷冻3~4个小时。

放入果粒的苹果汁使用的硅胶模具。模具简单，拿取方便。

冷冻水果

只需将水果冷冻的简单甜点。
稍微融化后，口感非常清脆。

材料和做法

柿子

熟透变软的柿子反而更好吃。处理前
放入冰箱冷冻。

去皮，切成方便食用的大小。插
入牙签，放入冰箱冷冻约半天。

菠萝

在靠近叶子的部分，保留部分叶子，
既方便拿取，外观也更好看。

上部保留叶子，切成方便食用的
大小，去皮。放入冰箱冷冻约半天。

哈密瓜＆西瓜

用挖球器挖出圆球，看起来非常可爱。
操作简单，成品非常好看。

切成方便处理的大小，用挖球器
挖出圆球。放入冰箱冷冻约半天。

香蕉

虽然普通香蕉非常美味，但是小香蕉
更方便食用，也更可爱！

去掉皮和筋络，淋上少许柠檬汁，
插上签子。放入冰箱冷冻约半天。

葡萄

插上叉子，锦上添花。食用前用流水
冲洗，更容易去皮。

摘下葡萄，上部切平，插上塑料
叉子。放入冰箱冷冻约半天。

——— 小贴士 ———
冻得更美味的诀窍是
什么？

金属方盘铺上保鲜膜，摆上水果，
放入冰箱冷冻。上面裹上保鲜膜，
以免表面干燥。使用导热性能好
的金属方盘，可以快速冷冻，成
品会更美味。

香蕉

柿子

哈密瓜

菠萝

西瓜

葡萄

冷冻酸奶搭配蓝莓酱汁

搭配蓝莓酱汁，
凸显自然的甘甜。
放入吉利丁，口感顺滑。

材料（4~5 人份）

酸奶（无糖）…200g
蜂蜜…50g
淡奶油…80ml
A
┃ 吉利丁粉…2.5g（1 小匙略少）
┃ 水…1 大匙
酱汁材料
┃ 蓝莓（冷冻也可）…100g
┃ 砂糖…50g

准备

· 使用冰淇淋机时，提前将保冷内胆放入冰箱冷冻。

做法

1 碗内倒入 A 的水，撒入吉利丁粉，静置浸泡约 5 分钟。不盖保鲜膜，微波炉加热约 20 秒，吉利丁融化。

2 另取一碗，倒入酸奶、蜂蜜和淡奶油，用力搅拌让蜂蜜溶解。取约 1/3 倒入 *1* 的碗内搅拌，和吉利丁混合均匀（a）。

3 混合液倒回 *2* 的碗内，搅拌均匀。盖上保鲜膜，放入冰箱冷藏 2 个小时以上，完全冷却。

4 将 *3* 倒入冰淇淋机中，搅拌约 20 分钟。搅拌到整体顺滑后，倒入保存容器，放入冰箱冷冻 1~2 个小时。

5 制作蓝莓酱汁。将酱汁材料倒入锅内，小火加热。边搅拌边让砂糖融化，出现水分后转大火，煮 4~5 分钟，煮到稍微黏稠、蓝莓变烂，放凉。

6 裱花袋装上星型花嘴，装入 *4*，挤到容器中，淋上蓝莓酱汁。

* 不使用冰淇淋机时，参考 P11 操作。无需再添加吉利丁。

a

吉利丁液和少量的酸奶液混合。放入吉利丁后，用冰淇淋机搅拌时，会混入空气，质地变得柔软。

白奶酪蛋糕风味酸奶搭配
无花果酱汁

使用滤水酸奶，质地更柔软。
搅拌蛋白霜，口感更好。

材料（3~4 人份））
原味酸奶（无糖）…150g
淡奶油…100ml
蛋白…1 个
细砂糖…20g
酱汁材料
　无花果干…50g
　水…100ml
　白葡萄酒…50ml
　砂糖…1 大匙
装饰用无花果干…适量

做法

1　酸奶放入铺有纸巾的笊篱中，放置
　　半天，滤去水分（a）。准备 100g
　　的滤水酸奶。

2　淡奶油打发到 8 分发（参考 P116）。
　　蛋白放入碗内，略微打发后，分两
　　次放入细砂糖，继续打发成坚硬的
　　蛋白霜。

3　碗内放入 *1* 的酸奶，分两次放入 *2*
　　的淡奶油搅拌。继续分两次放入 *2*
　　的蛋白霜，每次都搅拌均匀。

4　把 3~4 个小笊篱（或者滤茶器）放
　　在杯子上，铺上纱布或者纸巾。放
　　入 *3*，放入冰箱冷藏 2~3 个小时，
　　继续滤去水分（b）。

5　制作无花果酱汁。将无花果干切碎，
　　放入锅内，放入剩余的材料。煮到
　　无花果变软后，盖上锅盖，继续煮
　　约 10 分钟。放入搅拌机或者食物
　　料理机搅拌，放凉。

6　将 *4* 装盘，淋上酱汁。将装饰用的
　　无花果干对半切开，摆在盘内。

a

将纸巾铺得略大一点。放置约半天，
滤水酸奶就做好了。

b

没有小笊篱时，可以整体用滤网过
滤，再分装。

45

酱汁装饰，让甜点更显品质

淋上酱汁可以丰富味道，视觉效果也更豪华，让甜点更显品质。
所以，这里介绍在家使用酱汁的简单方法。
本书中介绍了多种酱汁，一定要尝试一下。

从上往下淋酱汁

↓

用勺子舀起酱汁，将勺子横放，浇下酱汁。在淋酱汁之前，一定要估量好在哪个位置，需要多少用量。

用酱汁在盘子上画出图案

↓

用勺子舀起酱汁，使用勺子尖端，在盘子上画出图案。要画略粗的图案时，将勺子横放使用。不熟练的话，可以在将甜点装盘前练习一下。失败了重新再画就可以了。

—— 小贴士 ——

使用手持容器浇酱汁

巧妙利用市售的装入蜂蜜或者酱汁的容器，也可以淋酱汁。开口略细，将酱汁慢慢挤出的盖子设计，操作更方便。标注上酱汁名字，这样不会弄错容器。图片中是拍摄时使用的容器。

———— 第 3 章 ————

果冻·芭芭露·慕斯

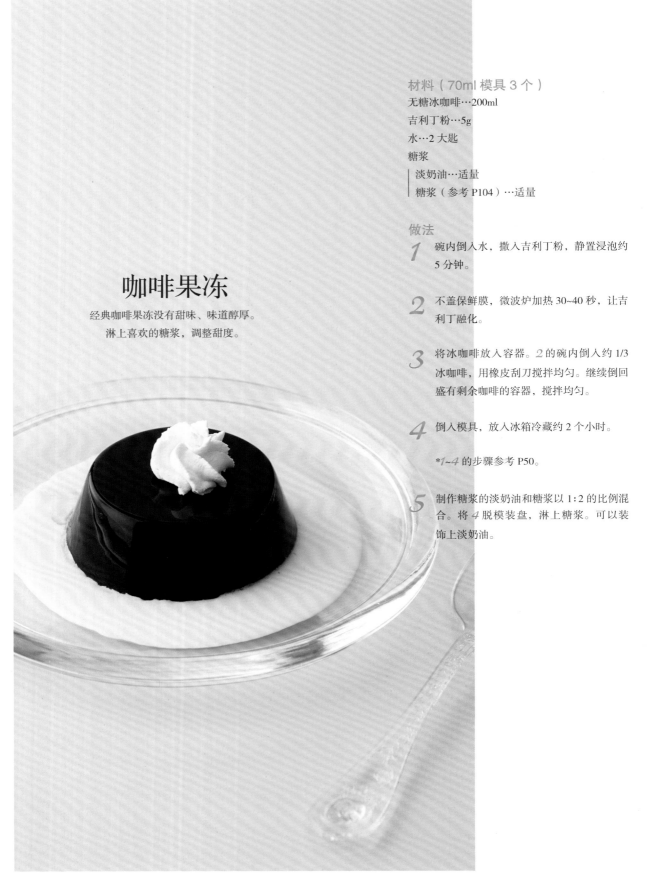

咖啡果冻

经典咖啡果冻没有甜味、味道醇厚。
淋上喜欢的糖浆，调整甜度。

材料（70ml 模具 3 个）

无糖冰咖啡…200ml
吉利丁粉…5g
水…2 大匙
糖浆
淡奶油…适量
糖浆（参考 P104）…适量

做法

1 碗内倒入水，撒入吉利丁粉，静置浸泡约
5 分钟。

2 不盖保鲜膜，微波炉加热 30~40 秒，让吉
利丁融化。

3 将冰咖啡放入容器。2 的碗内倒入约 1/3
冰咖啡，用橡皮刮刀搅拌均匀。继续倒回
盛有剩余咖啡的容器，搅拌均匀。

4 倒入模具，放入冰箱冷藏约 2 个小时。

*1~4 的步骤参考 P50。

5 制作糖浆的淡奶油和糖浆以 1:2 的比例混
合。将 4 脱模装盘，淋上糖浆。可以装
饰上淡奶油。

材料（70ml 模具 4 个）

无糖冰咖啡…300ml

吉利丁粉…5g

水…2 大匙

糖浆

淡奶油…适量

糖浆（参考 P104）…适量

做法

1~4 和左页咖啡果冻的做法相同。

**1~4* 的步骤参考 P50。

5 制作糖浆的淡奶油和糖浆以 1:2 的比例混
合。将 *4* 在模具中用叉子叉碎（a），装盘，
淋上糖浆。

a

用叉子将凝固的果冻叉碎。
淋上糖浆，形成黏稠的状态。

咖啡果冻碎

增加咖啡用量，慢慢凝固再叉碎。
享受和左页咖啡果冻不一样的口感。

吉利丁的基本用法

＊ ══════════════ ＊

放入吉利丁却无法凝固，是不是遇到过这样的失败呢？
这里介绍吉利丁粉的用法，就算新手也很少失败。

吉利丁是什么？

吉利丁，是以猪或牛的骨头或皮为原料，
提取的骨胶原蛋白质，是蛋白质的一种，
有润滑肌肤或者毛发的作用。加热后融化、
冷却后凝固，口感很好。

融化吉利丁粉

1 碗内倒入水，将吉利丁粉均匀撒入。吉利丁粉黏在一起时，用勺子搅拌均匀。

2 静置浸泡约 5 分钟。虽然有无需浸泡就能使用的吉利丁，但是浸泡后的吉利丁更不会失败。

3 无需盖保鲜膜，用微波炉加热，吉利丁融化。用橡皮刮刀搅拌，如不能融化，继续加热使其融化。

搅拌吉利丁液（图片是 P48~P49 的咖啡果冻）

4 将约 1/3 需要凝固的液体倒入融化的吉利丁液中，搅拌均匀。这样能防止出现疙瘩。

5 将 4 倒回原先装液体（图片中是咖啡）的容器内，搅拌均匀。

6 倒入模具，放入冰箱冷藏凝固。

吉利丁和水分的比例（除去浸泡吉利丁的水分）

口感	爽弹	较爽弹	黏稠
比例	吉利丁 5g+ 水分 200ml	吉利丁 5g+ 水分 300ml	吉利丁 5g+ 水分 400ml

特征	普通果冻的硬度。爽滑有弹力，脱模之后也能保持干净的形状。以此为基础，调整喜欢的硬度	脱模后质地较柔软，口感爽滑。夏天适合食用柔软的食物，一定要尝试一下。	口感黏稠，也十分顺滑，不适合脱模。以口感柔软见长的杏仁豆腐适合这种硬度。
本书中的甜品	咖啡果冻（P48）	咖啡果冻碎（P49）	

最佳脱模方法

1 碗内倒入 50℃ ~60℃ 的热水，果冻连同模具一起浸入热水中。注意，如果热水过热，或者模具浸泡时间过长，果冻容易融化。

2 轻轻按压果冻，使模具和果冻之间进入空气。再倒扣在盘子上，脱模。

\知识点！/

吉利丁片是什么？

吉利丁片比吉利丁粉质地透明。将吉利丁片放入足量的凉水中浸泡，拭去水分后再融化。

巧克力果冻

放入速溶咖啡，
更凸显浓郁的巧克力味道。

材料（80ml 模具 4 个）

板状巧克力（牛奶）…1 块（58g）

牛奶…300ml

吉利丁粉…5g

速溶咖啡…1 小匙

做法

1 碗内倒入 50ml 牛奶，撒入吉利丁粉，静置浸泡约 5 分钟。

2 剩余的 250ml 牛奶倒入锅内，加热到接近沸腾。离火，趁热放入巧克力和速溶咖啡，搅拌融化（a）。

3 趁热将 *2* 倒入 *1* 的吉利丁液中，搅拌均匀（b）。所有液体倒入另一个碗内，碗底浸入凉水，放凉。

4 倒入模具，放入冰箱冷藏约 2 个小时凝固。脱模，装盘（参考 P51）。

将巧克力掰碎放入。趁热用橡皮刮刀搅拌牛奶，用余热将巧克力融化。

牛奶内放入浸泡的吉利丁，边用橡皮刮刀搅拌边用余热融化。

放入水果的
白葡萄酒果冻

白葡萄酒果冻和水果相互叠加，
装饰出法式玻璃杯料理的感觉。
非常适合搭配主菜食用。

材料（130ml 杯子 3~4 个）

白葡萄酒…100ml

水…50ml

细砂糖…40g

A

　吉利丁粉…3g（1 小匙）

　水…2 大匙

橙子、猕猴桃、蓝莓、红莓等喜欢的水果…
各适量

做法

1　碗内倒入 A 的水，撒入吉利丁粉，
　　静置浸泡约 5 分钟。

2　锅内倒入水加热，放入砂糖，煮到
　　砂糖融化。

3　离火，趁热将 2 倒入 1 的吉利丁液
　　中，用余热搅拌融化。

4　倒入白葡萄酒搅拌，倒入容器中。
　　放入冰箱冷藏凝固约 2 个小时。

5　将水果分别切成小块。将白葡萄酒
　　果冻和水果相互叠加放入（a）。

a

将果冻和水果叠加放入较高的玻璃
杯内，这样横着看也很漂亮。

草莓果冻

制作柔软的果冻，叉碎后装盘。
品尝纯正的新鲜草莓的味道。

材料（杯子 3~4 个的量）

草莓…净重 200g

砂糖…60g

矿泉水…200ml

吉利丁粉…7g（2 小匙略少）

牛奶酱汁

| 牛奶…100ml

| 炼乳…3 大匙

做法

1　碗内放入 3 大匙矿泉水，撒入吉利丁粉，静置浸泡约 5 分钟。无需盖保鲜膜，微波炉加热约 40 秒。

2　草莓去蒂，放入碗内，用叉子捣碎（a）。放入砂糖和剩余的矿泉水，将砂糖融化。

3　将约 1/4 的 2 放入 1 的碗内，用橡皮刮刀搅拌均匀。再倒回 2 内，搅拌均匀。

4　倒入容器中，放入冰箱冷藏凝固2~3 个小时。用叉子叉碎，装盘。

5　牛奶和炼乳混合，做成牛奶酱汁，浇在 4 上。

a

选择习惯的草莓捣碎方法。保留略粗的草莓颗粒也可以。

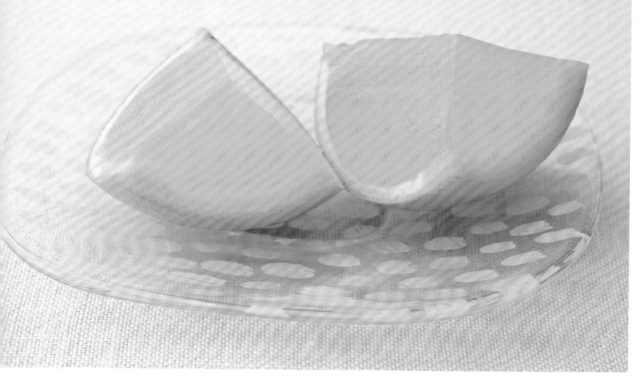

柑橘果冻

柑橘类单用吉利丁很难凝固，要和琼脂一起使用。
有弹性，质地柔软，口感顺滑。

材料（柑橘碗 2 个的量）

柑橘…3 个
砂糖…45g

A
　吉利丁粉…5g
　水…2 大匙

B
　琼脂粉…2g（2/3 小匙）
　水…150ml

做法

1 碗内放入 A 的水，撒入吉利丁粉，静置浸泡约 5 分钟。锅内倒入 B 的水，撒入琼脂粉，浸泡约 5 分钟。

2 在两个柑橘上部 1/4 处切下，取出果肉，挤出果汁。剩余的 1 个对半切，挤出果汁。共准备 300ml 果汁。两个果皮作为容器使用。

3 将 *1* 中放入琼脂粉的锅加热，沸腾后转小火煮 1~2 分钟，让琼脂完全融化。放入砂糖，搅拌融化后离火。

4 将 *1* 中的吉利丁放入 *3* 中融化（a）。倒入果汁。锅底浸入凉水，略微放凉后，倒入柑橘容器（b）。放入冰箱冷藏凝固 1~2 个小时。

5 将果皮切开装盘。

琼脂液中放入浸泡的吉利丁。用橡皮刮刀搅拌均匀。

将果冻液慢慢倒入八朔橘果皮容器中。表面留有气泡的话，用牙签戳破。

芭芭露

使用英式奶油酱。做法基本
相同，享受香草和栗子两种
不同的口感。

栗子芭芭露

香草芭芭露

香草

材料（90ml 模具 5~6 个）

牛奶…200ml

蛋黄…2 个鸡蛋的量

细砂糖…60g

淡奶油…200ml

香草精…少量

A

　吉利丁粉…5g

　水…2 大匙

准备

·用手在模具上薄薄涂抹一层色拉油（份量外）（a）。

做法

1 碗内倒入 A 的水，撒入吉利丁粉，静置浸泡约 5 分钟。锅内倒入牛奶，煮到接近沸腾。

2 碗内放入蛋黄打散，放入细砂糖，搅拌到颜色发白。分两次放入牛奶，每次都搅拌均匀。

3 将 2 倒回锅内，中小火加热。边加热边用木铲用力搅拌。煮到稍微黏稠后，用木铲取少量酱汁，用手指划过可以留下痕迹（b），关火。

4 趁热放入 1 的吉利丁，搅拌融化。用滤网过滤到碗内。

5 碗底浸入凉水，用木铲搅拌到略微黏稠。

6 淡奶油内滴入香草精，打发到 7 分发（参考 P116）。分两次放入 5。第 1 次用打蛋器将约 1/3 的淡奶油和溶液用力搅拌（c）。第 2 次用橡皮刮刀加入剩余的淡奶油，慢慢搅拌均匀。

7 倒入模具，放入冰箱冷藏凝固 1~2 个小时。脱模，装盘。

栗子

材料（直径 7.5cm 天使蛋糕模 8 个）

栗子奶油酱（罐装）…100g

牛奶…200ml

蛋黄…2 个鸡蛋的量

细砂糖…20g

朗姆酒…2 小匙

淡奶油…200ml

A

　吉利丁粉…5g

　水…2 大匙

装饰用

　淡奶油…100ml

　砂糖…10g

　糖煮栗子…4 个

准备

·用手在模具上薄薄涂抹一层色拉油（份量以外）。

做法

1~4 和香草芭芭露做法相同。

5 碗内放入栗子奶油酱，放入 4 和朗姆酒，搅拌均匀（d）。碗底浸入凉水，用木铲搅拌到稍微黏稠。

6~7 和香草芭芭露做法相同。

8 将栗子芭芭露装盘，撒上装饰用的砂糖，放上打发淡奶油，摆上切成小块的糖煮栗子。

在模具内薄薄涂抹一层色拉油。用手指轻轻按压，无需浸泡热水，也能干净脱模。

锅内温度达到 80℃以后，蛋黄会凝固，容易分离。注意不要加热到沸腾。

首先用打蛋器搅拌淡奶油，之后用橡皮刮刀慢慢搅拌。

栗子奶油酱和其他材料混合。可以在烘焙材料店或者网上购买栗子奶油酱。

巧克力慕斯

使用可可脂含量较高的制作糕点用巧克力，
即使不放吉利丁，也能凝固。

材料（3~4人份）
巧克力（制作糕点用）…90g

无盐黄油…45g

蛋…3个

细砂糖…1又1/2大匙

准备
·黄油室温放置软化。

做法

1 锅内倒入水，加热到50℃，放入装
有巧克力的碗。转小火将温度保持
在50℃，巧克力隔水加热融化（a）。

2 离火，放入黄油搅拌均匀。继续放
入蛋黄，搅拌均匀。

3 另一个碗内放入蛋白，略微打发，
分两次放入细砂糖打发，做成坚硬
的蛋白霜。

4 分两次将蛋白霜放入*2*内。第1次
用打蛋器将约1/3的蛋白霜和巧克
力酱用力搅拌，第2次用橡皮刮刀
加入剩余的蛋白霜，慢慢搅拌均匀，
避免消泡（b）。

5 倒入容器，放入冰箱冷藏30分钟
~1个小时。分切装盘。食用时，
因为过凉，要室温放置约15分钟。

纽扣状巧克力可以直接放入，板状巧
克力要切碎后才能隔水加热。

开始用力搅拌，之后改用橡皮刮刀从
底部慢慢翻拌。

黄桃慕斯

口感柔软，有着鲜艳的橙色。

材料（100ml 模具 6 个）

黄桃（罐头）…180g
牛奶…200ml
蛋黄…2 个鸡蛋的量
细砂糖…50g
淡奶油…100ml
A
| 吉利丁粉…5g
| 水…2 大匙
装饰用黄桃…适量

准备

·用手在模具上薄薄涂抹一层色拉油（份量外）（参考 P57 图片 a）。

做法

1　碗内倒入 A 的水，撒入吉利丁粉，静置浸泡约 5 分钟。黄桃拭去糖浆，用食物料理机搅拌成泥状（a）。

2　锅内倒入牛奶，加热到接近沸腾。碗内放入蛋黄打散，放入白砂糖搅拌到颜色发白。将热牛奶分两次倒入碗内，每次都搅拌均匀。

3　倒回锅内，中小火加热。边加热边用木铲用力搅拌。煮到稍微黏稠后，用木铲取少量酱汁，用手指划过可以留下痕迹，关火。

4　趁热放入 1 的吉利丁，搅拌融化。用滤网过滤到碗内。放入 1 的黄桃（b），碗底浸入凉水，放凉。

5　将淡奶油打发到 7 分发（参考 P116）。分两次放入 4 内。

6　倒入模具，放入冰箱冷藏凝固 1~2 个小时。脱模装盘，装饰上切薄片的黄桃。

黄桃用食物料理机搅拌成顺滑的泥状。用白桃制作也很美味。

黄桃泥和其他材料混合，搅拌到顺滑。用力搅拌之后，放凉。

奶油布丁搭配
樱桃酱汁

Panna 在意大利中是淡奶油的意思，cotta 是煮的意思。
一款圆润柔和的意式甜点。

材料（100ml 容器 4 个）

牛奶…100ml
淡奶油…200ml
细砂糖…40g
香草精…少许
白兰地…2 小匙
吉利丁粉…5g
樱桃酱汁
　黑樱桃（罐装）…1/2 罐（110g）
　黑樱桃罐头糖浆…80ml+2 小匙
　肉桂棒…1/2 根以及 1/4 小匙肉桂粉
　细砂糖…1 大匙
　玉米淀粉…2 小匙
　利口酒（樱桃白兰地。没有的话使用普
　通白兰地）…1/2 大匙

准备

·用手在模具上薄薄涂抹一层色拉油（份
量以外）（参考 P57 图片 a）。

做法

1　碗内倒入 2 大匙牛奶，撒入吉利丁粉，静置浸泡约 5 分钟。

2　锅内倒入剩余的牛奶、淡奶油和细砂糖，加热到接近沸腾，让细砂糖溶解。离火，趁热放入 1 的吉利丁，搅拌融化（a）。

3　将香草精和白兰地放入 2，搅拌均匀，倒入模具，放入冰箱冷藏凝固 1~2 个小时。

4　制作樱桃酱汁。锅内放入 80ml 樱桃罐头的糖浆、肉桂和细砂糖，加热。细砂糖溶解后，放入用 2 小匙樱桃罐头糖浆融化的玉米淀粉（b）。煮到稍微黏稠后，放入樱桃和利口酒（c）。

5　将布丁脱模，装盘，装饰上樱桃酱汁。

将浸泡的吉利丁，趁热融化。用橡皮刮刀从底部用力搅拌。

樱桃酱汁，和用糖浆融化的玉米淀粉混合，煮到黏稠。

放入黑樱桃和利口酒，就做好了。装饰在布丁上。

杏仁香草奶冻
搭配杏酱汁

在法语中是白色食物的意思。
使用渗透了杏仁香味的牛奶。

材料（100ml 容器 3~4 个）

牛奶…250ml

杏仁片…50g

细砂糖…60g

淡奶油…50ml

A

| 吉利丁粉…2.5g（1 小匙略少）

| 水…1 大匙

杏酱汁

| 杏（罐装）…60g

| 杏罐头的糖浆…40ml

| 砂糖…1 大匙

| 利口酒（樱桃白兰地。没有的话使用普

| 通白兰地）…1 小匙

准备

·用手在模具上薄薄涂抹一层色拉油（份
量以外）（参考 P57 图片 a）。

做法

1 碗内倒入 A 的水，撒入吉利丁粉，
静置浸泡约 5 分钟。

2 锅内放入牛奶和杏仁片（a），加
热到接近沸腾后，关火。盖上锅盖，
静置约 15 分钟，让杏仁的香味渗
到牛奶中。

3 用滤网将 *2* 过滤，准备 200ml 牛奶
液。不够的话可以放入牛奶。趁热
放入细砂糖和 *1* 的吉利丁，边搅拌
边用余热融化。

4 将淡奶油倒入 *3* 内，搅拌均匀，倒
入模具。放入冰箱冷藏凝固 2~3 个
小时。

5 制作杏酱汁。将所有材料放入搅拌
机中，搅拌均匀。

6 将奶冻脱模装盘，淋上杏酱汁。

a

只需使用杏仁片和牛奶。杏仁片清洗后烘
干，也可以使用 P26 的即食麦片。

62

芝麻奶冻

白芝麻和黑芝麻做法相同。超多芝麻，健康又美味！

白芝麻   黑芝麻

材料（4~5 人份）

白芝麻（或者黑芝麻）…35g

牛奶…200ml

细砂糖…40g

淡奶油…80ml

A

吉利丁粉…4g（1 又 1/3 小匙）

水…2 大匙

准备

· 白芝麻（黑芝麻）用锅略炒一下，炒出香味，放入食物料理机搅拌出油脂(a)。

做法

1 碗内倒入 A 的水，撒入吉利丁粉，静置浸泡约 5 分钟。

2 锅内倒入牛奶，放入细砂糖和白芝麻（黑芝麻），加热到接近沸腾。离火，趁热放入 1 的吉利丁，搅拌融化。盖上锅盖，静置约 15 分钟，让芝麻的香味渗到牛奶中。

3 用滤网将 2 过滤到碗内，倒入淡奶油，搅拌均匀。碗底浸入凉水，放凉。

4 倒入容器，放入冰箱冷藏凝固 2~3 个小时。用勺子舀出，装盘。

a

轻炒的芝麻，放入食物料理机内搅拌，香味就出来了。

芒果布丁

芒果含有蛋白质分解酶，放入
吉利丁使其慢慢凝固。

材料（250ml 容器 2 个）

芒果…1 个（净重 100g）

矿泉水…150ml

炼乳…50g~70g（根据芒果甜度酌情调整）

淡奶油…50ml

A

　吉利丁粉…5g

│水…2 大匙

做法

1　碗内倒入 A 的水，撒入吉利丁粉，静置浸泡约 5 分钟。

2　芒果去皮去核，准备 100g 果肉，一半切碎，剩余切大块（a）。

3　碗内放入切碎的芒果，放入矿泉水和炼乳，搅拌均匀。开始少量放入炼乳，尝味道，不够的话继续放入炼乳。

4　1 的吉利丁，无需盖保鲜膜，微波炉加热 30~40 秒。将约 1/3 的 3 倒入吉利丁液中，搅拌均匀（b）。再将混合液倒回 3 内，搅拌均匀（c）。

5　碗底浸入凉水，略微黏稠后，放入淡奶油和切大块的芒果，搅拌均匀（d）。倒入容器，放入冰箱冷藏凝固 2~3 个小时。

为了丰富口感，将芒果分别切碎和切大块。

将少量材料倒入融化的吉利丁液中，搅拌均匀，这样不会形成疙瘩。

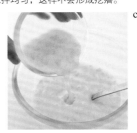

吉利丁液和材料混合均匀后，倒回原先的碗内，搅拌均匀。

最后放入切大块的芒果。慢慢搅拌，不用搅碎。

杏仁豆腐

慢慢凝固而成，口感柔软。
装饰上柠檬糖浆和枸杞。

材料（150ml 容器 4 个）

杏仁霜（a）…20g
牛奶…350ml
细砂糖…60g
淡奶油…60ml
A
┃ 吉利丁粉…5g
┃ 水…50ml
糖浆
┃ 水…200ml
┃ 细砂糖…80g
┃ 柠檬汁…1/2 大匙
┃ 香草精…少量
枸杞…适量

做法

1. 碗内倒入 A 的水，撒入吉利丁粉，静置浸泡约 5 分钟。

2. 取 150ml 牛奶倒入锅内，放入细砂糖和杏仁霜（b），加热。沸腾后，用打蛋器搅拌，将杏仁霜煮熟。

3. 离火，趁热放入 1，融化（d）。放入剩余的牛奶和淡奶油，搅拌均匀。

4. 碗内放入 3，碗底浸入凉水，放凉。倒入容器，放入冰箱冷藏凝固 1~2 个小时。

5. 制作糖浆。锅内放入水和细砂糖，煮到沸腾，让砂糖融化。离火，倒入柠檬汁和香草精，放凉。

6. 将糖浆淋在 4 上，装饰上枸杞。

杏仁磨成粉末，是杏仁豆腐的主要原料。可以在烘焙材料店或者网上购买。

杏仁霜很难融化，要均匀撒入。

牛奶、杏仁霜和细砂糖加热到沸腾后，用打蛋器搅拌。

趁热放入浸泡的吉利丁。用橡皮刮刀搅拌均匀，避免出现疙瘩。

琼脂的基本用法

* ========================== *

蜜豆等日式甜点使用的琼脂，关键要煮熟。
这里介绍琼脂粉和琼脂片的用法。

琼脂是什么？

以海藻为原料的琼脂，含有丰富的食物纤维，几乎
不含热量。常温下凝固，难以融化。方便使用的琼
脂粉是由工厂加工而成。琼脂片是放在屋外凝结干
燥天然形成的。这两种都要煮熟后再用。

融化琼脂粉

1 锅内放入份量内的水，均匀撒
入琼脂粉。琼脂粉黏在一起时，
用勺子搅拌均匀。

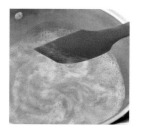

2 静置浸泡约5分钟。中火加热，
边用橡皮刮刀搅拌边煮到沸腾。

3 转小火加热1~2分钟，用橡皮
刮刀搅拌，让琼脂彻底融化。

融化琼脂片

1 琼脂片洗净后，放入足量的水
中浸泡。浸泡约30分钟，琼脂
变软。

2 锅内倒入足量的水，将1的琼
脂片撕碎放入。

3 中火加热，边用橡皮刮刀搅拌
边煮到沸腾，转小火加热3~4
分钟，用橡皮刮刀搅拌，让琼
脂彻底融化。

吉利丁和琼脂的差异

	吉利丁	琼脂
原料	牛或猪的骨头或皮	海藻（石花菜、发菜）
主要成分	蛋白质	食物纤维
颜色	透明	略浑浊
口感	顺滑有弹性	坚硬
卡路里	17kcal/5g	几乎不含
凝固温度	15℃~20℃（常温下不会凝固）	30℃~40℃（常温下凝固）
室温状态	融化	不会融化
融化温度	50℃~60℃（沸腾后凝固力减弱）	80℃~90℃
适用甜点	果冻、慕斯、芭芭露等	蜜豆、水羊羹、凉粉等
效果	主要成分是骨胶原蛋白质，蛋白质的一种，能够强健骨骼，润滑肌肤和毛发。	含有丰富的食物纤维，几乎不含卡路里，能够缓解便秘，瘦身减肥。含有丰富的钙等矿物质。

\知识点!/
知识点!
琼脂丝是什么?

将琼脂加工成细长的丝，原料是石花菜。琼脂含有丰富的食物纤维，可以巧妙用于料理中，特别是琼脂丝，用水浸泡后，可做成色拉或者酱汁的材料。

\知识点!/
洋粉是什么?

口感介于吉利丁和琼脂之间，以海藻原本的成分为原料制成的凝固剂。可以用来凝固使用吉利丁很难凝固的柑橘类，或者含有蛋白质分解酶的水果。比吉利丁质地更透明。

琼脂蜜豆

琼脂搭配喜欢的水果，
淋上黑蜜，
做成一款经典的日式甜点。

材料（7.5cm×11cm×高4.5cm
的模具2人份）

琼脂粉…2g（2/3 小匙）

水…250ml

小红豆（市售）…2 大匙

樱桃（罐头）…2 个

桔子…4 瓣

猕猴桃…2 片

黑蜜（市售）…适量

准备

· 用水将模具浸湿，便于琼脂脱模。

做法

1 锅内倒入水，撒入琼脂粉，静置浸泡约 5 分钟。

2 加热 1~2 分钟，用橡皮刮刀搅拌，将琼脂煮熟。

*1~2 参考 P68。

3 将 *2* 在放凉前倒入模具（a）。放凉后，放入冰箱冷藏约 30 分钟。

4 将 *3* 的琼脂脱模，切成 1cm 的小块。装盘，放入小红豆、樱桃、桔子、猕猴桃等多彩配料，淋上黑蜜。

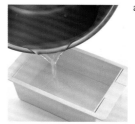

a

将融化的琼脂液倒入模具中凝固。也可以用方盘或者保存容器。

水羊羹

味道厚重的水羊羹，搭配咖啡使用。
夏天将水羊羹冷却后食用。

材 料（12cm×15cm× 高 4cm
的模具 12 块）

煮红豆（罐装）…1 罐（约 300g）
琼脂粉…3g（1 小匙）
水…200ml
速溶咖啡…1 大匙
盐…1/3 小匙

准备

·用水将模具浸湿，便于水羊羹脱模。

做法

1 锅内倒入水，撒入琼脂粉，静置浸
泡约 5 分钟。

2 加热 1~2 分钟，用橡皮刮刀搅拌，
将琼脂煮熟。

3 离火，放入煮红豆、速溶咖啡（a）
和盐，搅拌均匀。

4 温热，质地略微黏稠后，一次全部
倒入模具，放凉。放入冰箱冷藏约
30 分钟。

5 将 4 脱模分切，装盘。

a

将速溶咖啡、盐放入红豆中，更凸显
红豆的香甜。

适合甜点的脱模方法是什么？

本书中介绍了各种甜点的脱模方法。
这里整理了主要甜点的推荐方法。
请参考一下，找到方便操作的方法。

将模具浸入热水中

推荐甜点

果冻（P48、P52）

碗内倒入热水（50℃~60℃），将模具浸入水中。轻轻按压甜点，使模具和甜点之间进入空气。将模具倒扣在盘中，脱模。

模具和甜点之间插入刀子

推荐甜点

布丁（P74）

模具和甜点之间插入刀子，绕模具一圈。按压甜点，甜点从模具上脱落（焦糖出现）。将模具倒扣在盘中，脱模。

模具薄薄涂抹色拉油

推荐甜点

芭芭露（P56）、慕斯（P59）、
奶油布丁（P60）、杏仁香草奶冻（P62）

模具薄薄涂抹一层色拉油，倒入材料。材料凝固后，轻轻按压，使模具和材料之间进入空气。将模具倒扣在盘中，脱模。

模具周围裹上热毛巾

推荐甜点

冰淇淋蛋糕（P21）、芝士蛋糕（P88）、
冷冻牛轧糖（P100）

将浸湿的毛巾用微波炉加热1分钟，裹在模具上。慢慢将模具往上提起。使用活底模时，在模具下方放一个略小的容器，按压侧面脱模。

───── 第 4 章 ─────
布丁

卡仕达布丁

大型的经典烘烤甜点。切成喜欢的大小享用。

卡仕达布丁的材料和做法

* ══════════════════════════ *

材料（直径 18cm 的烤碗 1 个）

牛奶···500ml

细砂糖···70g

蛋···4 个

香草油···少量

焦糖

| 细砂糖···70g

准备

· 烤箱提前预热到 180℃。

不会失败的要点

大多布丁失败的原因，是质地粗糙（里面有很多细孔）、口感较差。烘烤过度也是原因之一。所以选择比金属模具导热性能更好的陶器，放入预热的烤箱内隔水蒸烤，这样很少会失败，保你做出美味的布丁。

大模具用于 P74，小模具用于 P78。

步骤 1

制作焦糖

无需加水，直接将砂糖烧焦。使用导热均匀、质地较厚的锅，才不容易失败。将焦糖全部倒入模具中，在制作布丁液期间放凉。

步骤 2

制作布丁液

蛋、细砂糖和牛奶混合，制作布丁液，浇在倒入模具的焦糖上。需要分别搅拌均匀，才能做出口感顺滑的布丁。

步骤 3

隔水蒸烤

用烤箱隔水蒸烤，这样不容易出现质地粗糙的成品。将模具浸入热水中烘烤，比直接烘烤的火候要柔和，才能烤出口感顺滑的布丁。

详细做法在下一页！

制作焦糖

先制作焦糖。砂糖从上色开始，到整体变成焦糖色速度非常快，要目不转睛地观察。

1 质地较厚的锅内放入焦糖用的砂糖，加热。

2 开始上色后，边慢慢晃动锅边搅拌。这时无需用刮刀搅拌。黏在刮刀上更不好操作。

3 形成均匀的焦糖色后，不时离火加热。

4 整体形成浓重的焦糖色后，关火。倒入模具中。

5 趁热均匀倒入，放凉。放凉后焦糖容易出现裂纹，这不要紧。

—— 小贴士 ——

只用砂糖制作焦糖

将砂糖煮焦做成焦糖。也有加水的方子，水分蒸发容易烧焦，所以使用质地较厚的锅，不加水，也能快速做出焦糖，很难失败。

—— 小贴士 ——

最佳脱模方法是什么？

1 模具周边插入刀子，绕模具一圈。

2 用手轻轻按压布丁，让模具和布丁分离，渗出焦糖。

3 将模具倒扣在盘中，前后轻轻晃动。

制作布丁液

✳══════════════════════════════════════✳

焦糖放凉期间，将材料混合均匀做成布丁液。

6 锅内放入牛奶和一半细砂糖，加热到接近沸腾。

7 碗内倒入蛋液打散，放入剩余的细砂糖，搅拌均匀。

8 将香草油滴入 *7* 内。与香草精相比，香草油即使加热，香味也不会消失。

9 将 *6* 的牛奶分两次倒入 *8* 中，用打蛋器搅拌均匀。

10 将混合液用滤网过滤到 *5* 的模具中。

—— 小贴士 ——

在法国，形状不同，名字也不同。

在法国，脱模的布丁叫做翻转奶油布丁。在小餐馆中常用的放入烤碗中的布丁，叫做焦糖奶油布丁（P78）。

隔水蒸烤

✳══════════════════════════════════════✳

烘烤时间根据微波炉的火力和模具类型适当调整。如果没有烤熟，边查看状态边延长烘烤时间。

11 烤盘上放一个较深的方盘，再放入 *10*。在方盘内倒入模具 1/3~1/2 高的热水。烤箱 180℃烘烤 20~30 分钟。

12 用抹刀刀尖插入布丁中，查看烘烤状态。用刀尖轻轻按压，没有蛋液渗出，就烤好了。

—— 小贴士 ——

放置约半天味道更好！

可以烘烤后直接食用，也可以放置约半天，焦糖变成柔和的酱汁，味道更好。

用小型模具烘烤
卡士达布丁

和大型模具一样，推荐使用陶器。
烘烤时间略短。

材料
（P75 材料份量的一半，直径 7cm 的烤碗
4 个）

做法

1 参考 P76 制作焦糖，等分倒入模具
中。

2 参考 P77 制作布丁液，等分倒入模
具中。

3 烤盘上放较深的方盘，再放入 2。
在方盘内倒入模具 1/3~1/2 高的热
水。烤箱 180℃烘烤 15~20 分钟。

\知识点!/
用金属模具烘烤的注意事项
是什么？

铝等金属模具导热性能较好，比使用陶器
模具烘烤的温度要低，烘烤时间也要缩短。
和左边相同的直径 7cm 的模具，要比陶器
的温度下降 20℃，160℃烘烤约 15 分钟。
另外，可在方盘内铺上纸巾，放入布丁和
热水蒸烤。纸巾让热传导更稳定。

右图的面包布丁使用的是铝布
丁模。隔水蒸烤时铺上纸巾。

面包布丁

将面包放入布丁液中，做成创意十足的面包布丁。

放入朗姆酒和果干，味道更丰富。

材料（直径 7cm 布丁模 4 个）

牛奶…280ml

细砂糖…40g

蛋…2 个

蛋黄…1 个

布里欧修（坚硬的面包都可以）…小号 2 个（60g）

A

葡萄干…40g

蔓越莓干…10g

橙子皮屑…10g

朗姆酒…1 大匙

B

黄油、细砂糖…各适量

准备

· B 的黄油室温放置软化。用手指将黄油涂抹在模具上，撒上砂糖（a）。

· 烤箱提前预热到 180℃。

做法

1 碗内放入 A，倒入朗姆酒。

2 锅内放入牛奶和一半细砂糖，加热到接近沸腾。

3 碗内放入蛋液和蛋黄打散，放入剩余的细砂糖。

4 将 2 分两次放入 3 中，每次都搅拌均匀。用滤网过滤。

5 布里欧修切成边长 2cm 的骰子形状。放入 4 中，静置充分吸收蛋液（b）。

6 将 1 放入 5 中搅拌，倒入模具中。

7 烤盘上放较深的方盘，铺上纸巾，再放上 6。在方盘内倒入模具1/3~1/2 高的热水。烤箱 180℃烘烤约 20 分钟。放凉后脱模。

模具涂上黄油，放入细砂糖，边晃动边让砂糖均匀粘在表面。

静置约 30 分钟，让布里欧修充分吸收蛋液。

顺滑布丁
焦糖酱汁·咖啡酱汁

放入蛋黄和淡奶油，做成质地松软的布丁。
淋上自己喜欢的酱汁。

材料（直径 7cm 容器 6 个）

牛奶…400ml

细砂糖…50g

蛋…1 个

蛋黄…2 个

淡奶油…100ml

焦糖酱汁

| 细砂糖…25g

| 淡奶油…50ml

| 牛奶…50ml

咖啡酱汁

| 牛奶…100ml

| 速溶咖啡…1 小匙

准备

·烤箱提前预热到 160℃。

做法

1 锅内放入牛奶和一半细砂糖，加热到接近沸腾。

2 碗内放入蛋液和蛋黄打散，放入剩余的细砂糖。

3 将 *2* 分两次放入 *1* 的牛奶中，每次都搅拌均匀。用滤网过滤，倒入容器中。

4 烤盘上放较深的方盘，再放入 *3*。在方盘内倒入模具 1/3~1/2 高的热水。烤箱 160℃ 烘烤约 30 分钟。查看烘烤状态（a）。

5 质地较厚的锅内放入焦糖酱汁用的细砂糖，加热做成焦糖状（参考 P76），倒入淡奶油和牛奶煮开(b)。

6 将速溶咖啡放入咖啡酱汁用的牛奶中，搅拌融化。

7 在 *4* 的布丁上面淋上喜欢的酱汁。

a

用抹刀刀尖插入布丁中间，没有蛋液渗出就表示烤好了。

b

焦糖做好后，倒入淡奶油和牛奶，做成酱汁。

咖啡酱汁

焦糖酱汁

瓶烤布丁

法语中是指将奶油酱放入瓶中的甜点。
比布丁质地更软，口感类似奶油。

巧克力

材料（120ml 容器 4 个）

牛奶…200ml
细砂糖…30g
巧克力（苦甜·制作糕点用）…35g
鸡蛋…1 个
蛋黄…1 个
淡奶油…100ml

准备

· 烤箱提前预热到 160℃。

做法

1 锅内放入牛奶和一半细砂糖，加热到接近沸腾。关火，放入巧克力（a），搅拌，用余热融化。

2 碗内放入蛋液和蛋黄打散，放入剩余的细砂糖搅拌均匀。

3 将 1 分两次放入 2 中，每次都搅拌均匀。倒入淡奶油，继续搅拌。

4 用滤网过滤，倒入容器中。

5 烤盘上放较深的方盘，再放上 4。在方盘内倒入模具 1/3~1/2 高的热水。

6 烤箱 160℃烘烤 40 分钟。用抹刀刀尖插入布丁中间，没有蛋液渗出就表示烤好了。如使用口径较深的容器，烘烤时间要延长。

柠檬

材料（120ml 容器 4 个）

牛奶…250ml
细砂糖…45g
柠檬皮屑（＊）…1/2 个柠檬的量
蛋…1 个
蛋黄…1 个
淡奶油…50ml

＊ 使用果皮时，选用没有打蜡、不含防腐剂的有机柠檬。

准备

· 烤箱提前预热到 160℃。

做法

1 锅内放入牛奶、一半细砂糖和柠檬皮屑（b），加热到接近沸腾。

2~6 和巧克力布丁做法相同。

纽扣状巧克力无需切碎直接使用。板状巧克力要切碎后再用。

浓郁的奶油搭配清爽的柠檬。

巧克力布丁

柠檬布丁

焦糖布蕾

外表酥脆、里面柔软，
口感丰富，味道更好！
试着将表面烤焦。

材料（直径 10cm 的浅盘 4 个）

蛋黄…2 个鸡蛋的量

细砂糖…40g

淡奶油…160ml

牛奶…90ml

香草豆荚…1/2 根

红糖（粗粒）…4 大匙

准备

· 烤箱提前预热到 120℃。

· 香草豆荚用小刀纵向剖开，刮出香草籽（参考 P9 图片 a）。

做法

1 碗内放入蛋黄、细砂糖、香草豆荚的豆荚和香草籽，用打蛋器搅拌均匀。

2 1 内放入淡奶油和牛奶，用滤网过滤，倒入盘子中。

3 烤盘上放较深的方盘，再放上 2。在方盘内倒入模具 1/3~1/2 高的热水。烤箱 120℃烘烤 30 分钟。

4 放凉后，放入冰箱冷藏。

5 食用前在 4 上撒上红糖（a）。用喷枪将表面的红糖烧焦（b）。

表面撒上红糖。红糖可以在烘焙材料店或网上购买。

喷枪装上液化气瓶，用火将表面烧焦。请参考说明书使用喷枪。注意不要烧伤。

加泰罗尼亚布丁

据说是焦糖布蕾的起源，是意大利加泰罗尼亚地区的传统糕点。

材料（直径 8cm 浅容器 4 个）

牛奶…200ml

柠檬皮屑（＊）…1/2 个柠檬的量

肉桂棒…1/2 根

蛋黄…2 个

细砂糖…35g

低筋面粉…9g（1 大匙略多）

A（撒在表面）

| 细砂糖…4 小匙

＊使用果皮时，选用没有打蜡、不含防腐剂的有机柠檬。

做法

1 锅内放入牛奶、柠檬皮和肉桂棒，加热到接近沸腾，关火。盖上锅盖，焖约 10 分钟。

2 碗内放入蛋黄和细砂糖，搅拌均匀，放入低筋面粉，继续搅拌均匀（a）。

3 将 *1* 中的肉桂棒取出。将 *1* 分两次倒入 *2*，每次都搅拌均匀，再倒回锅内加热。边用打蛋器搅拌，边煮到黏稠。

4 趁热将 *3* 倒入容器，放凉。

5 食用前将 A 的细砂糖撒在 *4* 上。用喷枪将表面的细砂糖烧焦（b）。

和其他布丁不同，和低筋面粉混合，无需烘烤直接加热。

和焦糖布蕾一样，用喷枪将表面烧焦。

用剩余蛋白制作蛋白饼干

制作香草冰淇淋、布丁、芭芭露时只用到蛋黄，蛋白就剩下了。
这时可以尝试一下使用蛋白制作蛋白饼干。
也可以用来装饰冰淇淋。

蛋白饼干

材料（直径 1.5cm 的 30~40 块）

蛋白…40g（不到 2 个鸡蛋的量）

细砂糖…40g

准备

· 烤盘铺上烘烤用的油纸。

· 烤箱提前预热到 110℃。

做法

1 碗内放入蛋白，略微打发。放入 1/4 的细砂糖，用电动打蛋器打发，打发到细砂糖溶解，出现光泽。

2 重复这个步骤，放入全部细砂糖，做成坚硬的蛋白霜。

3 裱花袋装上直径 7mm 的星型花嘴，将 2 装入裱花袋中。在烤盘上挤出直径 1.5cm 的蛋白饼干。图片右侧的饼干是用圆口花嘴挤出的长条。

4 烤箱 110℃烘烤约 1 个小时，边查看状态，边烘烤至干燥。

—— 小贴士 ——

蛋白可以冷冻保存

是不是将剩余蛋白放入冰箱冷藏保存，时间一长就变质扔掉了呢？其实蛋白可以冷冻保存。放入保存容器，可以冷冻保存约 1 个月。自然化冻后，可以用于需要加热的糕点或者料理。

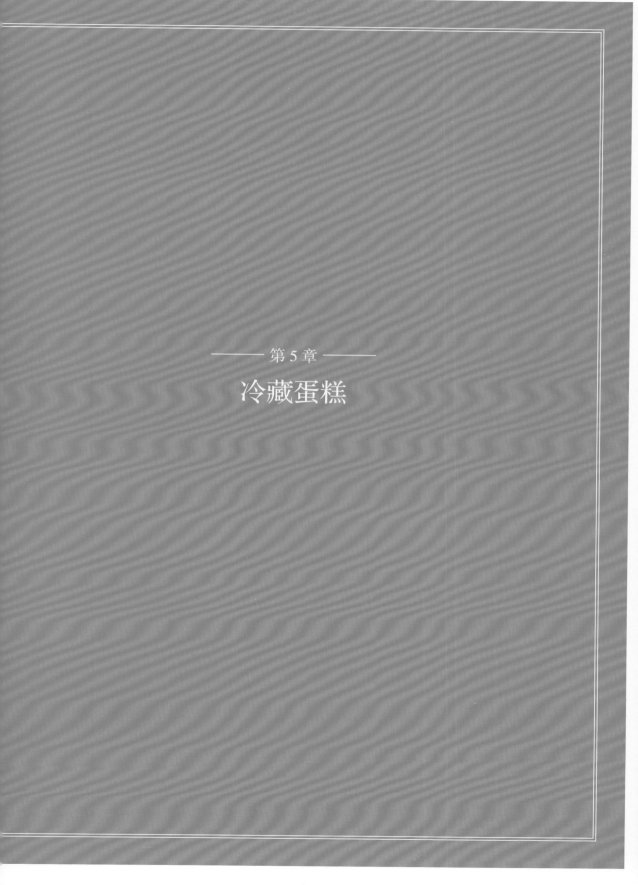

第 5 章

冷藏蛋糕

芝士蛋糕

无需使用烤箱，用吉利丁冷却凝固，
一款清凉的甜点。

芝士蛋糕的材料和做法

* ══ *

材料(直径18cm的蛋糕模具·活底模具)

饼干底

| 巧克力全麦饼干…9 块（约90g·60g 原味全麦饼干和30g 黄油也可以） |

奶酪奶油酱

| 奶油奶酪…200g |
| 砂糖…70g |
| 原味酸奶（无糖）…200g |
| 淡奶油…200ml |
| 柠檬皮屑（*）…1/2 个 |
| 柠檬汁…1 大匙 |
| 吉利丁粉…5g |
| 水…2 大匙 |

* 使用果皮时，选用没有打蜡、不含防腐剂的有机柠檬。

准备

· 奶油奶酪室温放置软化。

做法要点

使用含有巧克力的饼干。加热后巧克力融化，不放入融化黄油，也能揉成团。放入巧克力，也不会影响奶酪奶油酱的味道。

全麦饼干，使用含有小麦表皮和胚芽的全麦粉制作而成。

步骤 1
制作饼干底

只需将饼干捣碎铺在模具底部，无需烤箱烘烤，蛋糕底就做好了。先制作蛋糕底，制作奶酪奶油酱时，将蛋糕底放入冰箱冷藏凝固。

步骤 2
制作奶酪奶油酱

奶油奶酪和其他材料混合，用吉利丁凝固。要小心搅拌，这样才会做出顺滑的奶油酱。吉利丁完全融化后再放入奶油酱中。

步骤 3
将奶酪奶油酱倒在饼干底上

将奶酪奶油酱倒在冷藏凝固后的饼干底上。继续冷藏凝固约 2 个小时。无需加热，夏季制作也很方便。

详细做法在下一页！

89

步骤 1
制作饼干底

* ═══════════════════════════════════ *

首先从制作蛋糕底开始。将全麦饼干捣碎，压实铺在模具底部。

1 将巧克力全麦饼干放入保鲜袋中，用擀面杖细细敲碎。

2 放入微波炉加热约 1 分钟，让巧克力融化。用手揉搓，将巧克力融入饼干中。

3 将 *2* 放入活底蛋糕模中，铺成均匀厚度。用容器按压，让饼干底压实平整。

4 使用勺子用力按压边缘。放入冰箱冷藏约 30 分钟凝固。

\知识点！/
使用原味全麦饼干制作饼干底

将 60g 原味全麦饼干和步骤 *1* 的 *1* 一样，用擀面杖敲碎，放入碗内。再将 30g 黄油用微波炉融化，和全麦饼干混合均匀。和步骤 *1* 的 *3*、*4* 一样，铺在模具底部。

\知识点！/
最佳脱模方法是什么?

1 将浸湿的毛巾放入微波炉加热 1 分钟。裹在模具周围。侧面略微软化后，就容易脱模了。

2 也可以在底部放上有一定高度的其他模具或容器，在模具侧面慢慢按压。用抹刀（没有的话也可以用菜刀）将活底去掉，移到盘中。

\知识点！/
最佳分切蛋糕方法是什么?

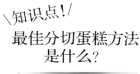

1 将浸湿的毛巾放入微波炉加热 1 分钟，包裹菜刀，让菜刀变热。

2 切一下就要用 *1* 的毛巾擦拭刀刃，既可以擦去粘在刀刃上的奶油，又可以让菜刀变热。

制作奶酪奶油酱

材料混合均匀，放入融化的吉利丁。做出香味浓郁、味道清爽的奶油酱。

5 碗内倒入水，撒入吉利丁，浸泡约 5 分钟。无需盖保鲜膜，用微波炉加热 30~40 秒。

6 如果奶油奶酪太硬的话，放入碗内，盖上保鲜膜，边放入微波炉加热边查看状态。

7 用橡皮刮刀将奶油奶酪搅拌到顺滑，放入砂糖继续搅拌均匀。

8 7 内依次放入酸奶、淡奶油、柠檬皮屑和柠檬汁，每次都用橡皮刮刀搅拌均匀。

9 取少量 8，放入 5 融化的吉利丁液内，搅拌均匀。

10 将 9 倒回 8 的碗内，用橡皮刮刀搅拌均匀。

将奶酪奶油酱倒在饼干底上

将奶酪奶油酱倒在饼干底上，放入冰箱冷藏凝固。操作简单，成品华丽。

11 将 10 的奶酪奶油酱倒在 4 的饼干底上。

12 两手握住模具，轻轻晃动几下，让表面平整。放入冰箱冷藏约 2 个小时凝固。

提拉米苏

将糕点店的甜品搬到家中来。
亲手制作虽然略费时间，但可以得到
不一样的美味。

提拉米苏的材料和做法

材料（17.5cm × 15cm × 高 5cm 容器 1 个）

手指饼干：（约 30 根·市售商品也可以）

- 蛋白…2 个
- 细砂糖…60g
- 蛋黄…2 个
- 低筋面粉…60g
- 糖粉…适量

奶油酱

- 马斯卡彭奶酪…200g
- 蛋黄…2 个鸡蛋的量
- 杏仁力娇酒（参考 P99）…2 大匙
- 淡奶油…150ml
- 蛋白…2 个鸡蛋的量
- 细砂糖…50g

咖啡糖浆

- 味道浓郁的咖啡…150ml
- （或者 150ml 水 + 速溶咖啡…1 大匙）
- 杏仁力娇酒…2 大匙
- 细砂糖…1 大匙

装饰用

- 可可粉（无糖）…适量

准备

- 烤盘铺上烘焙用油纸。
- 烤箱提前预热到 200℃。
- 奶油酱用的马斯卡彭奶酪室温放置软化。

步骤 1

制作手指饼干

也可以使用市售的手指饼干或者卡斯蒂拉蛋糕。如果时间充裕，最好亲手制作手指饼干。

步骤 2

制作奶油酱

马斯卡彭奶酪和蛋黄混合均匀，放入打发淡奶油和蛋白霜，做成奶油酱。要分别混合均匀，奶油酱才味道浓郁、质地松软。

步骤 3

手指饼干和奶油酱组合

摆上被咖啡糖浆浸过的饼干，倒入奶油酱叠加。重复这个步骤 2 次，放入冰箱冷藏。饼干被完全浸润就做好了。

详细做法在下一页！

制作手指饼干

=================================

首先制作手指饼干。放凉时制作奶油酱，这样更有效率。

1 碗内放入蛋白，略微打发。分两次放入细砂糖，用电动打蛋器打发，做成坚硬的蛋白霜。

2 小碗内放入蛋黄，取少量 *1* 的蛋白霜混合均匀。

3 一半低筋面粉用滤网过筛到 *1* 的碗内，用橡皮刮刀小心搅拌，避免消泡。

4 将 *2* 放入 *3* 内，再筛入剩余的低筋面粉，用橡皮刮刀搅拌均匀。

5 裱花袋装上直径 7mm 的圆口花嘴，再将 *4* 装入裱花袋，在烤盘上挤出长约 8cm 的长条。

6 用滤茶器将糖粉过筛到表面。烤箱 200℃烘烤约 10 分钟。放在蛋糕架上冷却，撕下油纸。

制作奶油酱

=================================

接下来制作奶油酱。关键在于打发淡奶油和蛋白霜混合时，小心搅拌不要消泡。

7 碗内放入马斯卡彭奶酪，搅拌均匀，依次放入蛋黄和杏仁力娇酒，每次都搅拌均匀。

8 将淡奶油打发到 7 分发（参考 P116）。

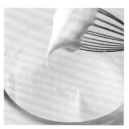

9 碗内放入蛋白，略微打发。分两次放入细砂糖，用电动打蛋器打发，做成坚硬的蛋白霜。

———— 小贴士 ————

杏仁力娇酒是什么?

想要制作传统正宗的提拉米苏,杏仁力娇酒必不可少。有着浓郁的杏仁味道的意大利口酒。可以丰富甜点的味道。含有酒精,所以儿童食用甜点时,不能放入。

10 将 8 的淡奶油分两次放入 7 内。第 1 次用打蛋器用力搅匀,第 2 次改用橡皮刮刀小心搅匀。

11 分两次将 9 的蛋白霜放入 10 内。第 1 次用打蛋器用力搅匀,第 2 次改用橡皮刮刀小心搅匀。

步骤 3
手指饼干和奶油酱组合

最后将手指饼干和奶油酱叠加组合。提拉米苏看着复杂,依照步骤操作,会发现非常简单。

12 将咖啡糖浆的材料混合。

13 饼干浸入咖啡糖浆,摆在容器上。

14 倒入一半 11 的奶油酱,摊平。

15 上面放上 13 中浸过糖浆的饼干,用刷子将剩余的糖浆刷在表面。

16 倒入奶油酱,抹平表面。

17 放入冰箱冷藏约 2 个小时凝固。用滤茶器将可可粉过筛到表面。

草莓和巧克力饼干
搭配冰淇淋蛋糕

操作简单，外观非常豪华，
推荐作为招待客人的甜点。

材料（7cm×18cm× 高 5.5cm
磅蛋糕模具 1 个）

香草冰淇淋…500ml
草莓…净重 150g
巧克力饼干…6 块（约 65g）
细砂糖…45g
玉米淀粉…1/2 大匙
君度酒（＊）…1/2 大匙
＊ 儿童食用甜点时不能放入酒，可以使用
等量的水。

装饰用

淡奶油…150ml
砂糖…15g
香草精…少量

准备

· 磅蛋糕模具裹上两层保鲜膜。最后一
端略长，这样可以盖上盖子。

做法

1 草莓去蒂，切成 1cm 的小块。放入
小锅，倒入细砂糖搅拌均匀，静置
约 15 分钟。

2 玉米淀粉用君度酒（或者水）溶解。

3 将 1 加热，草莓煮烂后倒入 2，煮
至黏稠。倒入铺有保鲜膜的方盘内，
放凉。

4 将香草冰淇淋、3 的草莓酱汁、掰
成大块的巧克力饼干随意叠加在模
具中（a）。留少量装饰用的草莓。

5 包好保鲜膜，盖上盖子，放入冰箱
冷冻 2~3 个小时，完全冷却凝固
（b）。

6 装饰用的淡奶油内放入砂糖和香草
精，打发到 8 分发（参考 P116）。
将冰淇淋蛋糕脱模，装盘，周围抹
上淡奶油。裱花袋装上圆口花嘴，
将剩余的淡奶油装入裱花袋中，挤
到蛋糕表面。装饰上剩余的草莓。

a

将冰淇淋、、草莓酱汁和饼干叠加。根
据喜好随意重复叠加即可。

b

将模具倒满，用保鲜膜包裹，盖上盖子，
避免干燥。放入冰箱冷冻凝固。

里科塔奶酪
圆顶蛋糕

使用海绵蛋糕制作的圆顶蛋糕。
中间放入里科塔奶酪冰淇淋的意式甜点。

材料（直径 18cm 的碗 1 个）
里科塔奶酪（＊）…200g

A

　细砂糖…60g
　蛋黄…3 个
　杏仁力娇酒（参考 P95）…1 大匙

B

　蛋白…80g（约 3 个）
　细砂糖…80g
　水…40g
淡奶油…200ml
核桃…50g
杏仁碎…50g
市售海绵蛋糕…18cm1 个
糖浆
　水…30ml
　细砂糖…25g
　杏仁力娇酒…1 大匙

＊里科塔奶酪也可以手工制作（参考 P102）。

准备

· 烤箱提前预热到 150℃。
· 作为模具的碗用两层保鲜膜包好。
· 最后一端略长，这样才能当盖子盖上。

做法

1　核桃和杏仁放入烤箱 150℃ 烘烤约 15 分钟，放凉后切粗粒。

2　制作糖浆。碗内放入水和细砂糖搅拌均匀，细砂糖溶解后，放入杏仁力娇酒继续搅拌。

3　将海绵蛋糕切成 8mm 厚的 3 片。其中两片切成 12 等分的放射状小片，准备 15~16 片。边缘略微重叠，这样才能包裹严实（a），用刷子刷上 2 的糖浆。

4　里科塔奶酪放入食物料理机中搅拌到顺滑。

5　碗内放入 A，边隔水加热，边用打蛋器打发到体积膨胀（b）。放入 4，继续搅拌。

6　锅内放入 B 的细砂糖和水，加热到 121℃。蛋白略微打发，边一点点放入糖浆边用电动打蛋器搅拌。打发到变硬，做成坚硬的意式蛋白霜（参考 P117）。

7　淡奶油打发到 7 分发（参考 P116）。分两次放入 5 中，每次都搅拌均匀。

8　将 6 的意式蛋白霜和 1 的果仁类分两次放入 7 中，每次都搅拌均匀。

9　将 8 倒入 3 中。盖上剩余的 1 片蛋糕片（d），盖上保鲜膜。放入冰箱冷冻 3~4 个小时，完全冷却凝固。

a

如果还有空隙，将剩余的海绵蛋糕切小块塞进去。

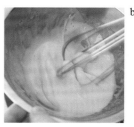

b

将碗放在盛有 50℃ 热水的锅内，边小火隔水加热（保持 50℃）边搅拌。

c

边打发边倒入热糖浆。制作很难消泡的意式蛋白霜。

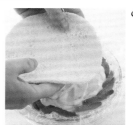

d

将冰淇淋放入模具中，用海绵蛋糕片盖好。最后翻过来做底。

冷冻牛轧糖搭配
红莓酱汁

将法国蒙特利马尔的特产牛轧糖做成冷冻甜点。
口感松软。

材料（直径 6cm × 高 3cm 的慕斯圈 10 个）

蜂蜜…70g
蛋白…50g（约 2 个鸡蛋的量）
淡奶油…150ml
杏仁碎…30g
开心果…15g
葡萄干…40g
红莓（冷冻也可）…50g

A

    吉利丁粉…5g
    水…2 大匙

酱汁

    红莓（冷冻也可）…100g
    砂糖…40g~50g

准备

· 烤箱提前预热到 150℃。
· 慕斯圈裹上两层保鲜膜，用橡皮筋系紧，作为底座（a）。

做法

1. 碗内倒入 A 的水，撒入吉利丁粉，静置浸泡约 5 分钟。无需盖保鲜膜，微波炉加热 30~40 秒。

2. 杏仁放入烤箱 150℃烘烤约 15 分钟，放凉后切粗粒。

3. 制作酱汁。冷冻红莓要先解冻，经过滤网过滤，用橡皮刮刀搅拌。放入砂糖。

4. 锅内放入蜂蜜，加热到 121℃。边用电动打蛋器略微打发蛋白，边一点点放入蜂蜜。趁热倒入 1 的吉利丁液，搅拌均匀（b），打发到蛋白霜变凉，做成坚硬的意式蛋白霜（参考 P117）。

5. 将打发到 7 分发的淡奶油（参考 P116）和 2 的杏仁、开心果、葡萄干、红莓混合，慢慢搅拌均匀（c）。

6. 倒入慕斯圈中（d）。放入冰箱冷冻约 2 个小时凝固。

7. 将浸湿的毛巾放入微波炉加热 1 分钟，裹在没盖保鲜膜的慕斯圈周边温热。脱模，装盘。周围装饰上 3 的酱汁。

a

慕斯圈盖上保鲜膜，作为底座。没有慕斯圈时，手持模具也可以。

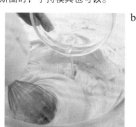

b

意式蛋白霜放入煮过的蜂蜜，再放入吉利丁液。

c

从底部往上慢慢翻拌，避免意式蛋白霜和淡奶油消泡。

d

倒入慕斯圈内，倒满，平整表面。

—— 专栏 5 ——

制作里科塔奶酪

P98 圆顶蛋糕的材料之一里科塔奶酪，也可以自己制作。
比市售产品更实惠，还能享受到手工制作的乐趣。
可以放入色拉，淋上蜂蜜，放入面包或蛋糕，用途很多。

里科塔奶酪

材料（完成后约 270g）

牛奶（*1）…1000ml
淡奶油（*2）…100ml
盐…2/3 小匙
柠檬汁…3 大匙
*1 使用 100%、不含添加剂的牛奶。
*2 用乳脂含量较高（42%~47%）
的淡奶油。

1 锅内放入牛奶、淡奶油和盐，加热到接近沸腾，倒入柠檬汁。

2 边用中火煮约 2 分钟，边用橡皮刮刀搅拌，搅拌到出现分离状态。如果柠檬不够酸的话，很难凝固。这时可再倒入柠檬汁。

3 用滤网舀出分离出来的白色固体，放入铺有纸巾的笊篱。

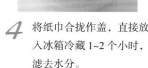

4 将纸巾合拢作盖，直接放入冰箱冷藏 1~2 个小时，滤去水分。

—— 小贴士 ——

乳清营养价值很高，要巧妙利用

从奶酪中滤出的水分，就叫乳清，高蛋白，低脂肪，营养价值很高。不要扔掉，制作咖喱或者汤类时，代替水分使用，可让味道更浓郁。放入保存容器可以冷藏保存 3~4 天，也可以冷冻保存约 1 个月。

※ 保存时放入保存容器，将保鲜膜紧紧贴着奶酪表面盖上，可以冷藏保存 3~4 天。

第 6 章

各种糖浆（刨冰＆饮料）·奶昔

各种糖浆

———————————————

各种刨冰糖浆和饮料！稍加改变就能变换出好多花样。

基础糖浆

细砂糖和水以 2:1 的比例制作而成。
夏天超受欢迎！

倒入冰凉的饮料，或者做成水果
糖浆，用途广泛。

材料（方便制作的量）
细砂糖……250g
矿泉水…125ml

做法
搅拌机内放入细砂糖和矿泉水，搅拌约 3
分钟，让细砂糖溶解。保存时放入保存
容器，冷藏可以保存 2 个月。比煮糖浆
甜度更清爽，也不用花时间撇去浮沫。

——— 小贴士 ———
新鲜水果酱汁的保存方法

放入保存容器，可以冷藏保存
2~3 天。如果做多了，可以冷冻
保存 1 个月。

草莓糖浆刨冰

还是草莓味道最经典。
一定要试一下亲手制作糖浆！

材料（2 人份）
草莓…净重 50g
糖浆…2 大匙
冰…适量

做法

1 草莓去蒂，切成适当大小。将草莓和
糖浆放入搅拌机或者食物料理机，搅
拌均匀。

2 容器内放入 1 大匙草莓糖浆，将冰削
成碎末堆在上面，继续淋上适量草莓
糖浆。

菠萝糖浆刨冰

用煮熟的菠萝制作,
香味诱人,味道更好!

材料（2人份）
菠萝…净重 100g
糖浆…2 大匙
冰…适量

做法

1 将菠萝去皮去芯,切成适当
大小。将菠萝和糖浆放入搅
拌机或者食物料理机,搅拌
均匀。

2 容器内放入 1 大匙菠萝糖浆,
将冰削成碎末堆在上面,继
续淋上适量菠萝糖浆。

猕猴桃糖浆刨冰

有着鲜艳的绿色,非常漂亮!
猕猴桃购买方便,可以随时制作。

材料（2 人份）
猕猴桃…净重 50g
糖浆…2~3 大匙
冰…适量

做法

1 猕猴桃剥皮,切成适当大小。将猕猴
桃和糖浆放入搅拌机或者食物料理
机,搅拌均匀。

2 容器内放入 1 大匙猕猴桃糖浆,将冰
削成碎末堆在上面,继续淋上适量猕
猴桃糖浆。

橙汁糖浆刨冰

将市售的橙汁煮成糖浆，
食用前立刻变身为刨冰！

材料（2 人份）
100% 橙汁（市售）…300ml
细砂糖…2~3 大匙（调整橙汁的甜度）
冰…适量

做法

1 锅内放入橙汁和细砂糖，煮到剩余
约 1/3，放凉（a）。

2 放入保存容器，可以冷藏保存 4~5
天。

3 容器内放入 1 大匙橙汁糖浆，将冰
削成碎末堆在上面，继续淋上适量
橙汁糖浆。

a

将橙汁煮至黏稠做成糖浆。边尝味
道边调整甜度。

材料（2 人份）

糖浆

芒果（冷冻也可）…1 个（净重 100g）

糖浆（参考 P104）…2 大匙

矿泉水…1 大匙

芒果冰

芒果（冷冻也可）…1 个（净重 100g）

牛奶…75ml

炼乳…1 大匙

椰奶…75ml

吉利丁粉…3g（1 小匙）

水…2 大匙

装饰用

芒果（切小块）…适量

椰果（市售）…适量

做法

1　制作糖浆。芒果去皮去种，切成
适当大小。芒果和其他材料放入
搅拌机或者食物料理机中，搅拌
均匀（a）。

2　放入保存容器，可以冷藏保存 3~4
天。做多了的话，可以冷冻保存 1
个月。

3　制作芒果冰。芒果去皮去种，切
成适当大小。芒果、牛奶、炼乳
和椰奶放入搅拌机或者食物料理
中，搅拌均匀。

4　碗内倒入水，撒入吉利丁粉，静
置浸泡约 5 分钟。无需盖保鲜膜，
放入微波炉加热约 20 秒，将吉利
丁融化。

5　取少量 3 放入 4 内，搅拌均匀，
倒回 3 的碗内，继续搅拌均匀。
倒入制冰模中，完全冷冻凝固。

6　将 5 的冰削碎放在容器上，淋上
芒果酱汁，装饰上椰果和芒果。

芒果糖浆台式风味刨冰

将台湾超受欢迎的刨冰稍加改变。
刨冰和糖浆都放入芒果。

a

也可以用冷冻芒果制作芒果糖浆。
做成拉西也很美味（参考 P108）。

生姜糖浆姜汁汽水

用生姜煮出糖浆，
在家就能制作姜汁汽水！

材料（1 人份）
糖浆（方便制作的量）

> 生姜⋯100g
>
> 水⋯250ml
>
> 细砂糖⋯200g

苏打水⋯100ml

冰⋯适量

做法

1 生姜去掉污损的表皮，切成薄圆片。

2 锅内放入生姜和水，加热到沸腾，盖上锅盖，转小火，煮约 10 分钟。

3 放入细砂糖煮到融化，用滤网过滤（a）。

4 放入保存容器，冷藏可以保存 2 个月。

5 玻璃杯中放入 2 大匙生姜糖浆，再放入冰和苏打水混合均匀。

※3 中过滤的生姜糖浆，铺在笊篱上晾干。半干后撒上适量细砂糖，继续彻底晾干，就做成生姜糖了。

生姜煮成糖浆。可以根据喜好放入酒或者红茶。

薄荷糖浆薄荷汁（冰薄荷）

薄荷汁在法国是很常见的一种饮料，
用薄荷糖浆和水按比例调制而成。

材料（1 人份）
糖浆（方便制作的量）

> 薄荷叶（新鲜）⋯30g
>
> 水⋯250ml
>
> 细砂糖⋯200g

矿泉水⋯100ml

冰⋯适量

做法

1 锅内倒入水，加热到沸腾后，放入薄荷叶，继续加热到沸腾后，盖上锅盖，关火。焖约 10 分钟。

2 将薄荷叶过滤取出，放入细砂糖，再加热，将砂糖融化（a）。

3 保存时放入保存容器，冷藏可以保存 2 个月。

4 玻璃杯内放入 3 大匙薄荷糖浆，放入冰和矿泉水。

a

使用新鲜薄荷叶煮出的糖浆。
和水按比例调制，就是法国夏天经典的薄荷汁了。

\知识点！/
饮料如何创新？

根据喜好在糖浆内倒入水、苏打水、牛奶或者酸奶，就变成一款味道清爽的饮料了。放入糖浆（参考 P104），调整甜度。

+ 酸奶＆牛奶
芒果拉西

玻璃杯内放入 2 大匙芒果糖浆（参考 P107）、50g 原味酸奶和 50ml 牛奶，混合均匀，放上冰（1 人份）。

+ 牛奶
草莓牛奶

玻璃杯内放入 2 大匙草莓糖浆（参考 P104）和 100ml 牛奶，混合均匀，放上冰（1 人份）。

薄荷糖浆薄荷汁

生姜糖浆姜汁汽水

材料（1人份）
糖浆（方便制作的量）
巧克力（制作糕点用巧克力或者板状巧克力）…80g
水…80ml
细砂糖…1大匙
牛奶…100ml
冰…适量

做法

1 锅内倒入水，沸腾后关火，将巧克力掰碎放入。

2 放入细砂糖，用打蛋器搅拌到顺滑（a）。

3 放入保存容器，冷藏可以保存1个月。

4 玻璃杯中放入3大匙巧克力糖浆，倒入牛奶均匀混合，放入冰。

a

制作糕点用巧克力味道浓郁，板状巧克力味道略淡，根据用途选用。

巧克力糖浆
冰巧克力

可以作为饮料，
也可以淋在冰淇淋上，
用途广泛。

抹茶糖浆
宇治红豆

再现甜品店超受欢迎的甜品。
糯米团也是手工制作，更显豪华。

材料（1人份）

糖浆（方便制作的量）

　抹茶…10g（2大匙）

　细砂糖…20g

　热水…2大匙

糖浆（参考P104）…100ml

糯米团（方便制作的量·15个）

　糯米粉…50g

　水…45ml

糖浆（参考P104）…1~2大匙

冰…适量

煮红豆（罐装）…适量

做法

1　先制作糖浆。抹茶用网眼较细的滤茶器过筛到细砂糖中搅拌均匀。

2　1倒入热水，用打蛋器搅拌均匀。继续倒入糖浆，搅拌均匀。

3　放入保存容器，冷藏可以保存1个月。

4　制作糯米团。碗内放入糯米粉，边一点点倒入水，边将糯米粉揉成耳垂似的柔软面团。揉成小团子，中间略微按压。

5　锅内倒入热水，煮沸。放入糯米团，漂浮起来后继续煮约1分钟，放入凉水中放凉。

6　容器中倒入糖浆，将刨冰削碎堆在上面。淋上适量抹茶糖浆，放上煮红豆和糯米团。

玻璃杯内放入1又1/2大匙抹茶糖浆和100ml牛奶，制作抹茶牛奶（1人份）。

111

奶昔

这里介绍使用冷冻材料＋清凉材料制作的奶昔。
喝完一杯就精神满满啦！

紫色奶昔

材料（1~2 人份）

冷冻

| 蓝莓（冷冻也可）…80g

冷藏

| 牛油果…1 个（净重 100g）
| 豆浆…100ml

黑芝麻…2 大匙

冰…适量（5~6 块）

做法

蓝莓放入冰箱冷冻备用。牛油果去皮去种，切成适当大小的小块。将所有材料放入搅拌机中搅拌。

绿色奶昔

材料（1~2 人份）

冷冻

| 香蕉…1/2 根

冷藏

| 油菜…2 棵
| 菠萝…净重 100g

冰…适量（5~6 块）

做法

香蕉剥皮，用保鲜膜包好，放入冰箱冷冻备用。将油菜切下根部，切成 2cm 长。将菠萝去皮去芯，切成适当大小的小块。将香蕉掰碎，和其他材料一起放入搅拌机内搅拌。

红色奶昔

材料（1~2 人份）
冷冻
| 番茄…小号 1 个（净重 150g）
冷藏
| 胡萝卜…小号 1/2 根（净重 80g）
| 草莓…4~5 个（净重 80g）
冰…适量（5~6 块）

做法
番茄去蒂，放入冰箱冷冻备用。将冷冻的番茄用水清洗，剥皮，用刀切成大块。胡萝卜去皮，切成 7mm 厚的小块后，草莓去蒂，切成 2~3 等分。将所有材料放入搅拌机中搅拌。

黄色奶昔

材料（1~2 人份）
冷冻
| 芒果（冷冻也可）…净重 80g
冷藏
| 黄金猕猴桃…1 个（净重 80g）
| 黄桃（罐装）…1/2 个（65g）
冰…适量（5~6 块）

做法
将芒果去皮去种，切成适当大小，放入冰箱冷冻。将猕猴桃剥皮，黄桃切成适当大小，所有材料放入搅拌机内搅拌。

清凉鸡尾酒

━━━━━━━━━━━━━━━━━━━━

使用新鲜的水果或者香草，在家制作清爽的鸡尾酒！

西瓜金巴利

西瓜汁 + 西瓜果肉，
这才是夏天应该享用的甜点。

材料（1 人份）
金巴利…1~2 大匙
西瓜（果汁用和装饰用）…适量

做法

1 制作果汁。西瓜取出籽，切成适当大小，用滤网过滤，准备 100ml 西瓜汁，放凉备用。

2 玻璃杯内放入金巴利、*1* 和装饰用切成小块的西瓜，搅拌均匀。

冰冻玛格丽特

像刨冰一样的冷冻鸡尾酒，
是夏天经典的一款饮料。

材料（1 人份）
龙舌兰酒…1~2 大匙
君度酒…1 大匙
柠檬汁…1 大匙
冰…150g~200g

做法
将所有材料放入搅拌机或者食物料理机搅拌，倒入玻璃杯中。

莫吉托

散发着新鲜薄荷的味道，
一款非常清爽的鸡尾酒。

材料（1人份）

白朗姆酒…1大匙
薄荷叶（新鲜）…1小撮
薄荷糖浆（参考P108）…20ml
柠檬汁…1/2个柠檬的量
冰块…适量
苏打水…适量

做法

1 玻璃杯内放入冰，冷却。取出冰，放入薄荷，用搅拌棒轻轻按压，挤出香味。

2 放入白朗姆酒、薄荷糖浆、柠檬汁和冰块，倒入苏打水，混合均匀。

桑格利亚汽酒

用红葡萄酒腌渍水果。
可以直接饮用，也可以放置一会儿。

材料（2人份）

红葡萄酒…200ml
细砂糖…2大匙
柠檬汁…2小匙
橙片…2片
苹果片（小）…4片
桃片（小）…4片
冰…适量
苏打水…50ml

做法

1 玻璃杯内放入红葡萄酒、细砂糖和柠檬汁，用力搅拌到砂糖融化。

2 放入水果和冰块，倒入苏打水。葡萄酒内放入水果，放入冰箱冷藏约半天，让水果的香味渗透到葡萄酒中。

需提前了解的甜点基础

＊━━━━━━━━━━━━━━━━━━━━━━━━━━＊

打发淡奶油

淡奶油凝固的状态

碗内倒入淡奶油，叠加在盛有冰水的大碗内（凉水也可），开始打发。用途不同，所需硬度也不同，确认做法后开始打发。

要点1　淡奶油使用前，放入冰箱冷藏备用。

要点2　碗底浸入凉水时，并不稳定，难以操作，可将玻璃碗放入冰箱冷藏约2个小时，完全冷却再用，这样碗底没有凉水也可以。不锈钢碗容易变热，一定要浸入凉水。

要点3　打发时，使用电动打蛋器或者打蛋器。不能大幅度搅拌，在碗底细细搅拌即可。这样打发出来的淡奶油，质地松软，口感顺滑。

要点4　打发到7分发之后，很容易凝固，注意不要打发过度。

3分发
提起打蛋器，淡奶油呈缎带状落下。

5分发
提起打蛋器，淡奶油断断续续地落下。

7分发
提起打蛋器，淡奶油黏在打蛋器上。

8分发
提起打蛋器，有坚硬的小角立起。

淡奶油和面糊混合

1 取约1/3的打发淡奶油放入面糊中，用打蛋器用力搅拌。这时要和面糊搅拌均匀，不要在意气泡的问题。

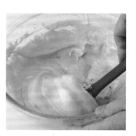

2 放入剩余的淡奶油，用橡皮刮刀慢慢搅拌，避免消泡。操作时从碗底往上翻拌。

完成！
搅拌时尽量避免消泡，又能和面糊均匀混合。

打发蛋白制作蛋白霜

制作基础蛋白霜

1 碗内放入蛋白，略微打发（放入少许盐，蛋白更容易打发）。分 2~3 次放入砂糖，用电动打蛋器打发。

2 每次放入砂糖，都要确认之前的砂糖完全溶解，蛋白出现光泽后再放入。用电动打蛋器高速打发，完全打发。

完成！
完成时，用打蛋器将气泡搅拌均匀，将大气泡搅破。也叫法式蛋白霜。

制作意式蛋白霜

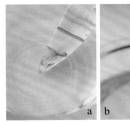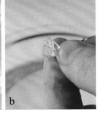

1 锅内放入水和砂糖，加热到 121℃。用小刀插入锅内，放入凉水中（a），凝结成水饴状（b），就是加热到 121℃ 的状态。

2 碗内放入蛋白，略微打发。边用电动打蛋器打发，边一点点倒入 *1*。继续打发到蛋白霜变凉。

完成！
放入热糖浆打发，做成坚硬的意式蛋白霜。即使长时间放置，也很难消泡。

蛋白霜和面糊搅拌

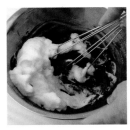

1 取约 1/3 的蛋白霜放入面糊中，用打蛋器搅拌均匀。这时要和面糊搅拌均匀，不要在意气泡的问题。

2 放入剩余的蛋白霜，用橡皮刮刀慢慢搅拌，避免消泡。操作时从碗底往上翻拌。

完成！
翻拌时尽量避免消泡，又能和面糊均匀混合。

操作用语释义

放凉

将加热后的东西，静置到用手可以触碰的程度。为了便于操作，或者和较凉的东西混合前，需要放凉。锅或者碗底可浸入凉水，也可以放在方盘或者笊篱上。

翻拌

搅拌以免黏在一起。用木铲或者橡皮刮刀，将面糊从碗底往上翻拌。

室温软化

也叫做常温软化。黄油、鸡蛋和奶酪等从冰箱中拿出后，放在温度合适（23℃~25℃）的室内，散去凉气。这样，黄油和奶酪更容易混合，蛋液更容易打发。

变黏稠

煮酱汁或者面糊时，放入溶于水的玉米淀粉，增加黏稠度。这样口感更好，让酱汁更好勾芡。

加热到接近沸腾

加热到约90℃，锅的边缘开始冒出小泡后关火。

浸泡

吸收水分，变得湿润的状态。也叫做浸湿。使用吉利丁粉时，将吉利丁粉放入水中浸泡约5分钟，使其变得湿软。浸泡不充分，很难均匀融化，不能凝固会影响口感。

撒粉

放入吉利丁粉、琼脂或者粉类时，都要撒在表面。也可以过筛放入。这样粉类不会黏在一起，均匀散开，便于搅拌均匀。

用余热融化

将泡软的吉利丁、巧克力等，放入关火后的锅内，用余热慢慢融化。这样不会煮得太过，慢慢融化。

隔水加热

不直接用火，使用热水间接加热。锅内倒入水，加热到约50℃，放上装有巧克力或者蛋黄的碗。将火候保持在50℃的温度，间接加热碗。这样火力柔和，不会将材料煮焦。

浸入凉水

使热的东西快速冷却的方法。碗内放入凉水，叠加上装有需冷却材料的碗，底部浸入凉水，使其冷却。这时，边搅拌需要冷却的材料，边不时更换凉水，使其快速冷却。

甜点名字的意义和由来释义

加泰罗尼亚布丁（P85）

据说是焦糖布蕾的起源，是意大利加泰罗尼亚地区的传统甜点。放入柠檬、橙子和肉桂的卡仕达奶油酱上撒上砂糖，烤成焦糖状。

白奶酪蛋糕（P45）

法国安茹地区的传统甜点，将新鲜奶酪和蛋白霜、淡奶油混合制成的甜点。淋上覆盆子酱汁，是经典搭配。在法国也叫做"神的礼物"。

焦糖布蕾（P84）

放入淡奶油，做成味道浓郁的卡仕达奶油酱。倒入容器中，烤箱低温隔水蒸烤。然后撒上红糖(未经精炼的茶褐色砂糖)，烤成焦糖状。

冰淇淋霜（P20）

Givre 在法语中是霜冰的意思。将橙子等水果的果肉取出，倒入做好的冰淇淋或者果子露，填满，以果皮为容器的冷冻甜点。

圆顶蛋糕（P98）

很像神职人员戴的圆顶帽子，所以取名为圆顶蛋糕。用海绵蛋糕制作的圆顶造型中，倒满放入巧克力或者水果的奶油酱。发源于意大利托斯卡纳地区。

冰淇淋蛋糕（P21）

Semifreddo，在意大利语中有半冷藏的意思。以淡奶油为基础，做成比冰淇淋口感更顺滑的甜点。无需使用冰淇淋机，手工就能制作。

冷冻牛轧糖（P100）

将法国南部的蒙特利马尔地区的传统甜点牛轧糖（（用蛋白、砂糖、果仁制作的一种软糖）稍加改变，做成一款冷冻甜点。在法语中有冷冻的意思。

奶油布丁（P60）

Panna cotta 在意大利语中是煮淡奶油的意思。皮埃蒙特州的传统甜点，将淡奶油、牛奶和砂糖混合，边加热边搅拌，用吉利丁凝固。口感顺滑。

梅尔芭（P24）

香草冰淇淋搭配桃子糖浆，淋上红莓酱汁的一款甜点。据说因法国主厨奥古斯特·埃斯科菲埃（Auguste Escoffier）为歌剧歌手内利·梅尔芭（Nellie Melba）制作而得名。

杏仁香草奶冻（P62）

法国朗格多克地区的蒙彼利埃制作的糕点。在日本，大多放入杏仁、芝麻、香草和牛奶混合，用吉利丁凝固而成。Blanc-manger 在法语中是白色食物的意思。

圣代（P25）

洋梨糖浆搭配香草冰淇淋，淋上巧克力酱汁制成。法国作曲家巴赫（Offenbach）称之为"女神海伦（La belle Hélène）"。

瓶烤布丁（P82）

布丁风味的法式甜点。将足量的卡仕达奶油酱倒入容器（壶或瓶子），隔水蒸烤。

图书在版编目（ＣＩＰ）数据

冷甜点制作大全 /（日）脇雅世著；周小燕译. --
北京：中国民族摄影艺术出版社，2016.5
　　ISBN 978-7-5122-0845-2

　　Ⅰ. ①冷… Ⅱ. ①脇… ②周… Ⅲ. ①甜食 – 制作
Ⅳ. ①TS972.134

　　中国版本图书馆CIP数据核字(2016)第075037号

TITLE：［冷たいデザートレシピ］
BY：　［脇 雅世］
Copyright © SEIBIDO SHUPPAN 2014
Original Japanese language edition published by SEIBIDO SHUPPAN Co.,Ltd.
All rights reserved. No part of this book may be reproduced in any form without the written permission of the publisher.
Chinese translation rights arranged with SEIBIDO SHUPPAN Co.,Ltd.,Tokyo through Nippon Shuppan Hanbai Inc.

本书由日本成美堂出版株式会社授权北京书中缘图书有限公司出品并由中国民族摄影艺术出版社在中国范围内独家出版本书中文简体字版本。
著作权合同登记号：01-2016-2034

策划制作：北京书锦缘咨询有限公司（www.booklink.com.cn）
总 策 划：陈　庆
策　　划：邵嘉瑜
设计制作：王　青

书　　名：冷甜点制作大全
作　　者：［日］脇雅世
译　　者：周小燕
责　　编：张　宇
出　　版：中国民族摄影艺术出版社
地　　址：北京东城区和平里北街14号（100013）
发　　行：010-64211754 84250639 64906396
印　　刷：北京美图印务有限公司
开　　本：1/16　185mm×260mm
印　　张：8
字　　数：100千字
版　　次：2017年5月第1版第2次印刷
ISBN 978-7-5122-0845-2
定　　价：42.80元